# 写给有出息男孩的羊皮卷

陈实　王慧红＼编著

中国纺织出版社

## 内 容 提 要

少年时期是人生的重要阶段，一个人的理想、信念、胆识、意志、毅力、性格、情操基本上形成于这个阶段。男孩们都想成为一个有出息、有才能的人，一定要懂得抓住时机，努力成就自己不平凡的一生。

本书根据男孩的特点，通过生动的故事和案例，教给男孩成长的智慧，引领男孩找到正确的前进方向，掌握好人生的航向，并且拥有坚强、勇敢、勤奋等优秀品格，真正做到有能力、有出息。

**图书在版编目（CIP）数据**

写给有出息男孩的羊皮卷／陈实，王慧红编著. —北京：中国纺织出版社，2017. 8（2023.4重印）

ISBN 978-7-5180-3679-0

Ⅰ.①写… Ⅱ.①陈… ②王… Ⅲ.①男性-成功心理-通俗读物 Ⅳ.①B848.4-49

中国版本图书馆CIP数据核字（2017）第139852号

---

责任编辑：闫　星　　　　责任印制：储志伟

---

中国纺织出版社出版发行

地址：北京市朝阳区百子湾东里A407号楼　邮政编码：100124

销售电话：010—67004422　传真：010—87155801

http：//www.c-textilep.com

E-mail：faxing@c-textilep.com

中国纺织出版社天猫旗舰店

官方微博http：//weibo.com/2119887771

永清县晔盛亚胶印有限公司印刷　各地新华书店经销

2017年8月第1版　2023年4月第7次印刷

开本：710×1000　1/16　印张：15

字数：210千字　定价：45.00元

---

# 前 言
*preface*

男孩们从出生的那一刻开始，就被寄予了很高的期望，父母期盼着其有一天成为一个有出息、有道德的男子汉。那么，有出息是一个什么概念呢？男孩要怎么做才能健康地成长为一个有出息的男子汉呢？有一系列的词语可以给这个问题提供很好的概括，那就是：志存高远，眼界宽广，有责任心，自立自强，有创新思维，胸怀宽广，有理想、有抱负……这些实际上也是现今社会对男人的角色期待，也是男孩在自我教育上所要达到的目标。

现如今，人们的物质生活越来越宽裕，男孩们容易被形形色色的事物影响。如果单纯的接受丰厚的物质生活，而缺失了精神意志的磨练，那么，这对于一个男孩的健康成长来说，是远远不足的。很多男孩，现在就像是温室里的花朵，过着小少爷般的生活，还没经历任何的风吹雨打。这样下去，怎么可能成为顶天立地的男子汉呢？因此，对于男孩来说，要想自己以后在这竞争如此激烈的社会上得到很好的立足，那就要懂得去磨砺自己，做一个有出息的人。

我们知道，少年时期是人生的重要阶段，一个人的理想、信念、胆识、意志、毅力、性格、情操基本上形成于这个阶段。所以，少年时期的成长经历，在很大程度上影响到一个人的前途命运。同样是一个班级的学生，为什么有的人经过奋斗心想事成，而有的人尝试了一番却无功而返呢？其中一个重要原因就在于成功者常常在儿童时期胸怀大志，开始磨砺自己。

男孩培养成为一个有出息的人并非易事。父母的溺爱、长辈的宠爱等阻碍因素使不少男孩变得蛮横、娇弱，失去了男孩青春时期应有的勇敢、坚强和冒险精神。因此，良好的意志力和自我约束能力对于男孩来说至关重要。孔融4岁懂让梨，项橐7岁就被孔子尊为老师，黄香9岁能温席，甘罗12岁就已凭借自己的智慧周旋于王侯之间……这些优秀男孩的故事或许你早已耳熟能详，或许你也想成为他们或者超越他们的人。有梦想固然是好的，但是要知道，说起来容易，实践起来并非那么简单。男孩在学习生活中可能会遇到各种各样的问题，因此男孩要学会如何去灵活的面对前方的挑战，挑起肩上的责任。

孩子是祖国的未来，民族的希望，要立志成为一个有出息的人。一个有出息的男孩，一般来说，对父母、对社会都有一定的担当力，对整个社会的发展也有着重要的推动作用。还有什么比成为一个有出息的人更让自己自豪的呢？男孩们，你是否已经做好了迎难而上的准备，是否已经决定做一名肩负起重大责任的优秀男孩？

编著者<br>2016年9月

# 目 录
*contents*

第01章

# 有志者何愁事不成，男孩要做搏击天空的雄鹰

没有人随随便便就能成功，成功的道路是需要不断的付出与努力的，并不是一蹴而就的简单事。所谓“台上一分钟，台下十年功”，或许我们只看到他人今日的光芒，忽视了其背后的泪水与汗水。有志者事竟成，少年们，要想成为有出息、有前途的男子汉，那么此刻开始奋进向上，努力拼搏吧！

# 保持向上的心态，梦想终会变成现实

◎适用写作关键词：进取 梦想

## 即便前方遍地荆棘，也要坚持梦想

有这样一位年轻人，他可以说是已经到了身无分文，穷困潦倒的境界，身上全部的钱加起来也不够买一件像样的西服。可是即便如此处境，他仍全心全意地坚持着自己心中的梦想，他梦想着成为一名演员，当电影明星。当时，好莱坞共有500家电影公司，他根据自己仔细划定的路线与排列好的名单顺序，带着为自己量身打造的剧本前去一一拜访。但第一遍拜访下来，500家电影公司没有一家愿意聘用他。可想而知，这无数次无情的拒绝对于普通人来说是多大的打击与伤害，但是意想不到的是他并没有灰心，而是继续这段追逐梦想的旅程。接下来他开始了第二轮、第三轮的努力，可惜，仍然以失败告终。不久后他接着咬牙开始了第四轮拜访。当拜访第350家电影公司时，这里的老板竟破天荒地答应让他留下剧本先看一看。他欣喜若狂。几天后，他获得通知，请他前去详细商谈。就在这次商谈中，这家公司决定投资开拍这部电影，并请他担任自己所写剧本中的男主角。不久这部电影问世了，名叫《洛奇》，男主角就是好莱坞明星史泰龙！

读完上面的故事，我们无不为史泰龙这种积极乐观、努力向上的心态所折服。史泰龙后来的健身教练这样评价他："他所做的每一件事情都是100%的投入。"在生活中，我们应该懂得学习史泰龙这种积极进取的精神，只有不断的努力与坚持，才能最终成就自己，一步步成为自己梦想成为的那个人。

## 知识窗

"天行健，君子以自强不息。地势坤，君子以厚得载物。"

译：作为君子，应该有坚强的意志，永不止息的奋斗精神，努力加强自我修养，完成并发展自己的学业或事业，能这样做才体现了天的意志，不辜负宇宙给予君子的职责和才能。

"自强不息"就应当效法自然界生生不息、日新月异的精神，就应当自力更生、发奋图强、不断前进、勇于拼搏。"自强不息"是一种积极的人生态度，对生活充满信心，生命不息、战斗不止。

"厚德载物"就是应当像大地那样厚实宽广，载育万物、生长万物。做人时，要心胸开阔、志向高远、严于律己、宽以待人。

## 为你支招

那么，男孩们，该怎样才能练就积极乐观的心态呢？

**1.要树立远大的理想**

理想信念是一个人的精神支柱和力量源泉，是实现人生目标的前进方向和强大动力。只有提高对理想信念的重要性和必要性的认识，才能确立自己的理想信念。而当理想信念确立之后，就要制订分步实施的目标和措施，并坚定不移的付诸行动，只有这样才能实现自己的理想信念。

**2.不要对自己过分苛求，应该把奋斗目标定在自己能力所及的范围之内**

尽量使自己有完满完成目标的可能。这样，你的心情就会十分愉悦。在制订奋斗目标的时候，要坚持合理定量的原则，不要过高，急于求成，要依照现实情况逐步的提升目标，以免在起初阶段目标无法完成而产生不良情绪和失望感。

**3.懂得自我调控，把自己的每一天都经营的愉快而充实**

情绪的好坏对一个人的身心有着重要的意义，我们是有思想的人，我们每一个人都有能力调控自己。在生活中我们要保持积极的情绪，对生活充满积极向上的情绪状态。可是很多时候我们也会遇到麻烦，心情变得不好，既然左右不了别人，那么我们就要懂得改善自己。比如换个方法变个方式思考，你将大有收获。此外可以多与亲朋交流，分散自己内心的不良情绪，也可以通过体育锻炼、娱乐活动等方式疏解心情，让自己的每一天都过的舒心快乐。

**4.坚持自己主见，不要盲目听信**

不论学习中还是生活中，做人要有自己的主心骨。你要有自己坚定的信念，而不是盲目地听信别人的说法。正如“小马过河”的故事，前方的路是怎样的，每个人都有不同的说法，只有你自己去尝试，坚持自己的想法，才能获取最佳的答案。

# 不断超越自我，将潜能发挥到极致

◎适用写作关键词：超越 提升

## 扛住一切，不断超越自我

也许我们都只看到名人光鲜的外表，却忽视了他们背后奋斗的泪水与汗水。“台上一分钟，台下十年功”，没有人随随便便就能成功，林丹也是如此。

林丹的羽毛球生涯也是遍布荆棘与磨难，十几年间，他曾经被开除过、被雪藏过、住过地下室，也受到过无数人的谩骂与嘲讽。但是林丹凭借自己的勇气和坚持把一切都扛了过去，终于将自身的潜能发挥到了极致，一次又一次地说超越了自我。

作为一名羽坛新秀，他承载着所有人的希望，期望他能够在雅典奥运会拿下金牌，为国争光，然而命运却给了踌躇满志的他一个致命的打击。雅典奥运会之前，林丹意外受伤，参赛时又因情绪过于紧张以致发挥失常，重蹈第一轮出局的覆辙，在小组赛中惨遭淘汰。接连的几场大型比赛中，林丹又连续输给了国外选手陶菲克和李宗伟。在此，他不断调整心态，研究战术，想要在以后的比赛中证明自己。可是在北京奥运会即将到来的日子里，林丹又接连出现了口角、误会、打人等负面新闻，传闻铺天盖地地压向了他。

面对现实，林丹不断提醒自己，要敢于在困境中突破自我。功夫不负有心人，终于，他在比赛中战胜了李宗伟，拿到了生命里第一个奥运冠军。承受了太多的磨练，成功对他来说更加珍贵、有意义。

后来的几次比赛，林丹把“超级丹”的能量极好地释放了出来，冠军的头衔不断地投向他，完成了“全满贯”的使命。2012年伦敦奥运会，林丹再创佳绩，成功卫冕，为自己、为祖国创造了一个又一个神话。

从林丹的故事中，我们可以更加明白“不经历风雨，怎能见彩虹”的真谛。只有靠自己的勇气和坚持扛住生活的重压、命运的挑战，才能更好地把你的潜能发挥到极致，不断超越自我，成就最美好的人生！

## 知识窗

羽毛球运动的起源

现代羽毛球运动诞生在英国。1873年，在英国格拉斯哥郡的伯明顿镇有一位叫鲍弗特的公爵，在庄园里进行了一次“蒲那游戏”的表演。因这项活动极富趣味性，很快就风行开来。此后，这种室内游戏迅速传遍英国，“伯明顿”（Badminton）即成为英文羽毛球的名字。羽毛球运动约于1920年传入我国，新中国成立后得到迅速发展。1981年5月国际羽毛球联合会重新恢复了中国在国际羽联的合法席位。

## 为你支招

男孩们，该怎样做才能更好地提升自己、成就出色人生呢？

**1.要快速提升自己，首先就需要有个良好的心态**

在学习中，总会遇到各种各样的困难，面对身边的不如意，保持什么样的心态极为重要。俗话说：“好的心态是成功的一半。”如果你的状态没有调整好，是很难快速有效的学习的。因此，在学习中要学会调整心态，积极乐观的面对人生，这样才能够更好地提升自己，成就自己的美好人生。

**2.找准“坏习惯”或“坏毛病”**

我们要做的就是每天找自己一个坏毛病，只要发现就用小本子记下来，然后励志改正这些坏习惯或坏毛病。慢慢的，三天下来会有一个小变化，一周下来，效果更好。一月下来会有一个大变化，三月下来，脱胎换骨。

**3.要学会沟通，获取更多的信息**

个人的知识总是有限的，多与人沟通交流才能够获取更多的信息。所以学会多沟通，对于学习知识也有很大的促进作用。

**4.找准兴趣，制订计划，不断学习**

要让自己迅速进步，可以寻找下自己感兴趣的东西学下，制订一个学习计划，抽时间慢慢学习。或是感觉自己有哪些不足，可以找相关内容学习下。现在网络发达，网上视频很多，可以学很多东西，甚至可以当电视看。

**5.要做到“学以致用”**

只学习，但是不懂得如何运用是没有多大效果的。学了东西，就要多去用，才能实现它的最大价值。所以我们应该多实践，实践是检验真理的唯一标准。

# 只有尝试，才有可能改变遥远的未知

◎适用写作关键词：尝试 改变

## 敢于尝试，才能创造未知的可能

在伽利略逝世三百年的那一天，一位伟人诞生了，他就是后来在黑洞和宇宙论的研究领域做出了重大贡献的斯蒂芬·威廉·霍金。十几岁时，他就喜欢做模型飞机和轮船，还和学友制作了很多不同种类的战争游戏，从小就勇于尝试去研究和操控事物。这种尝试驱使他攻读博士学位，在以后的人生道路上获得了一系列的重大成就。

霍金十三四岁时已下定决心要尝试去做物理学和天文学的研究。17岁那年，他获得了自然科学的奖学金，顺利入读牛津大学。毕业后他转到剑桥大学攻读博士。不久他发现自己患上了会导致肌肉萎缩的卢伽雷病。由于医生对此病束手无策，起初他打算放弃从事研究的理想，但后来病情恶化的速度减慢了，他便排除万难，从挫折中站起来，不断尝试各种困难，勇敢地面对这次的不幸，继续醉心研究。

20世纪80年代，他开始研究量子宇宙论。这时他的行动已经出现问题，后来由于得了肺炎而接受穿气管手术，使他从此再不能说话。最后他全身瘫痪，要靠电动轮椅代替双脚，不但说话和写字要靠电脑和语言合成器帮忙，连阅读也要别人替他把每页纸摊平在桌上。

从霍金的故事，我们可以看出他对生命与科学的热爱，面对疾病的困扰，他并不退缩，而是不断尝试去挑战各种困难，创造一个个传奇。在学习过程中，男孩们也应该获得启示，面对困难，要敢于尝试，面对新鲜的事物要敢于挑战，这样才能成为一名真正的男子汉。

## 知识窗

### 霍金简介

斯蒂芬·威廉·霍金（Stephen William Hawking，1942年1月8日—　），英国剑桥大学著名物理学家，被誉为继爱因斯坦之后最杰出的理论物理学家之一。肌肉萎缩性侧索硬化症患者，全身瘫痪，不能发音。1979年至2009年任卢卡斯数学教授，是英国最崇高的教授职位。

霍金是当代最重要的广义相对论和宇宙论学家，被称为在世的最伟大的科学家之一，还被称为“宇宙之王”。

## 为你支招

男孩们，面对挫折，我们该怎么做呢？是努力尝试还是知难而退？

**1.以顽强的毅力战胜挫折，不断前进**

狼为什么会成为强者，那是因为它们有顽强的意志。而生活中的强者也是这样的，面对困难，我们要学会凭仗自己的意志坚持我们的信念、运用我们的智慧。人的外在表现并不重要，最重要的是内心深处的顽强品质和坚定的信念，这是战胜任何困难和挫折的利器。

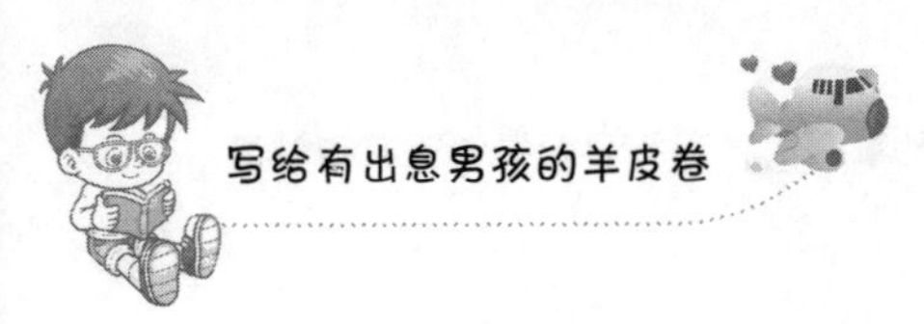


**2.正确认识挫折，对症下药**

在学习生活中，挫折虽然是不可避免的，但对于一个具有坚强毅力的人来说，它不仅仅是磨难，同时也是促使其健康成长的催化剂。它能造就强者、使人学会思考、磨练人的意志。因此，认真分析原因，采取恰当的解决办法，对症下药，找到战胜挫折的方法，在人们的学习成长过程中是十分有必要的。

**3.不断创新，寻求突破**

面临挫折，很多人可能会出现钻牛角尖的情况，或许一蹶不振，或许在自己的思维里撞得头破血流。这时，你不妨试着换个角度，寻求新颖的方式去克服挫折，也许你面临的问题将会明朗许多。

**4.自我疏导，增添勇气**

通常情况下，面临不如意，我们的心情也会变得消极、负面，这时候就要学会自我疏导，也可以跟朋友、同学交流，将消极情绪转化为积极情绪，增添战胜挫折的勇气。

# 平凡并不可怕，但你要敢于拒绝平庸

◎适用写作关键词：平凡 平庸

## 身处绝境，也要拒绝碌碌无为的人生

不甘于平庸，才能成就一番作为。司马迁自小博览群书，有凌云之志，后任太史令继承父亲遗志进行著书。年少的他拒绝平庸，志向远大，期望有朝一日能立功而不朽于世。

然而李陵之祸后，梦想便碎了一地。“人固有一死，或重于泰山，或轻于鸿毛”，他把痛苦转为发愤著书的斗志，拒绝平庸死去。他忍辱负重坚强地活着，盼望有朝一日能名垂千史，洗刷自己的耻辱。

司马此举可以说是惊天地、泣鬼神，从年少的凌云之志到随后的生死徘徊，使他的内心变得更加坚强，犹如蚕蛹化蝶，精神得到了一个质的飞跃。

司马迁拒绝平庸，追求的梦想的道路呈现出一个动态变化的过程。他最终选择立言而不朽。他成功了，他拒绝平庸成功的因素有以下几个方面：史书世家，父亲做史官，使他耳濡目染；读遍皇家书，博学多才；实地考察，观察各地的山川、风俗，接触了许多事物；思维开阔，富有创新能力，使他能够对所吸纳的知识取精用宏；人生的阅历，坎坷的境遇，使他对生命具备超凡的理解力和观察力。拒绝平庸，拒绝庸碌无为的思想，使他能够写《史记》这部鸿篇巨制，完成父亲的遗命。

“史家之绝唱，无韵之离骚”，鲁迅的这一赞誉，体现了《史记》宝贵的文学价值。

读完了司马迁深处绝境、立志著书的故事，我们无不为他这种不甘平庸，勇于挑战自己的精神所震撼。作为新时代的少年，我们要做一个不服输的人，一个不甘于平庸的人，我们要坚信我们不怕苦不怕累，我们要敢于拒绝碌碌无为的人生。

## 知识窗

### 名人小故事

司马迁幼年是在韩城龙门度过的。龙门在黄河边上，山峦起伏，河流奔腾，风景十分壮丽。这条中华民族的母亲之河滋养了幼年的司马迁。他常常帮助家里耕种庄稼，放牧牛羊，从小就积累了一定的农牧知识，养成了勤劳艰苦的习惯。在父亲的严格要求下，司马迁10岁就阅读古代的史书。他一边读一边做摘记，不懂的地方就请教父亲。由于他格外的勤奋和绝顶的聪颖，有影响的史书都读过了，中国三千年的古代历史在头脑中有了大致轮廓。后来，他又拜大学者孔安国和董仲舒等人为师。他学习十分认真，遇到疑难问题，总要反复思考，直到弄明白为止。在父亲的熏陶下，他从小立志做一名历史学家。

## 为你支招

那么，男孩们，怎么做一个远离平庸，努力实现自身价值的人呢？

**1.做事不要瞻前顾后，畏首畏尾**

很多人虽然对当下的生活或者面临的问题感到厌烦，想去改变，可是却又诸多考虑，于是只能蜗居在老地方不停地抱怨。或者有些人想放手一搏，创造一个属于自己的未来，一想到现在面临的困境，于是所有的想法都消散了。生活中，既然选择了拒绝平庸，努力成就梦想中的自己，那就要学会果敢的迈出第一步，杜绝瞻前顾后、前后思量的行为。

**2.要专心实践，而不是停留在幻想层面**

做事情要学会找对方法，而找方法的过程需要你去一步步实践，并非是一味地思考，要明白理论与现实是有很大差别的。因此，不要再纠结在想法上了，找对了就直接去做，用直接的行动去验证自己的想法。

**3.要有耐性，立足当下，而非急功近利**

做出一番成就，这是一个过程，不能一蹴而就。正如钓鱼一般，钓鱼是一个需要耐性的活，刚刚等待没多久就想钓到一条大鱼是不现实的。学习也是一样，想要取得好的成绩，想要有个美好的未来，并不是一件简单事，你要一步一个脚印，踏实地去完成每一个过程，不要急功近利，这样才能更好地实现自己的目标。

# 有志者事竟成，高志气成就美好未来

◎适用写作关键词：志向目标

## 识遍天下字，读尽人间书

“发愤识遍天下字，立志读尽人间书。”这句豪言到底出自谁口？这就是一代文豪苏轼幼年时期在书房为自己写下的对联。小小年纪的他就已经志存高远，目标远大。

幼年时期，苏轼便聪颖过人，10岁时已经达到出口成章的地步，当时很多年长的前辈因欣赏苏轼的才华纷纷前来请教，久而久之，便已名声远播。

时间久了，苏轼逐渐成为了大家眼中的神童，他也逐渐骄傲起来，他觉得无论是唐代的诗歌，还是秦汉文学，他已经到了无所不知、无不涉猎的地步，可称是“学富五车”。这时，他便自豪的在书房为自己写下一副对联：

识遍天下字

读尽人间书

自负、自满的心理会阻碍人的成长，就在这时，恰巧一位智者及时点醒了小苏轼。有一天，一位老人前来请教大家口中的神童。他对小苏轼说：“我问了好多文人，但他们都不认识这本书上的字。听说你博学多识，大家都把你

叫神童，你肯定认识，所以我走了好远的路专门来找你，希望能得到你的帮助。”在小苏轼看来，这都是很简单的事，没有他不认识的字。可是当他看到书时，顿时就愣住了，这本书他压根没见过，而且有很多生字展现在面前。

此刻，他终于明白了“人外有人，天外有天”的意思。面对老人眼睛传达出的深意，他只好惭愧地摇了摇头。

通过这件事，苏轼觉醒了，觉得自己需要学习的知识还有很多，以前那么骄傲实在不应该。他又想起自己作的那令人脸红的对联，于是苏轼连忙回到书房，准备扯下来。但就在动手的一瞬间，他忽然停住了，只见他略一思索，拿来笔墨，在上下联的前面各加两字，然后端详一番，满意地摊开书本又发愤用功去了。这一切都被站在窗外的母亲看得很清楚。于是她来到书房，只见对联变成：

发愤识遍天下字

立志读尽人间书

母亲微笑着点点头。

此后，苏轼更加勤奋学习，严格要求自己，不再骄傲自大，而是更多地向别人请教、不断学习，终究成为了文学史上的一代大家。

故事中，我们看出，“读尽人间书”，也许有着些许的自大与浮夸，“立志读尽人间书”，添加的“立志”一词，更好地展现出了苏轼做学问的态度与决心。所谓“三军可夺帅也，匹夫不可夺其志也”则是关于志气重要性的最好证明。在学习中，我们要向苏轼学习，树立远大目标，自小培养高远的志向，成为社会需要的人才。

## 知识窗

### “燕雀安知鸿鹄之志哉”是什么意思？

出处：《史记·陈涉世家》：“嗟呼，燕雀安知鸿鹄之志哉？”

燕雀：麻雀，这里比喻见识短浅的人。

鸿鹄：天鹅，这里比喻有远大抱负的人。

释义：燕雀怎么能知道鸿鹄的远大志向呢！

比喻：平凡的人哪里知道英雄人物的志向。

## 为你支招

那么，男孩们，要想实现远大理想，怎么从小培养自己的志气呢？

**1.要学会过“苦日子”**

现代社会，孩子们的物质生活很优越，其实这极易滋生享乐主义、攀比之心等。因此，要严格律己，在优质的生活中不要忘记当下生活的来之不易，要学会过“苦日子”，勤奋学习，志存高远，不要养成好逸恶劳的恶习。

**2.体验挫折感**

温室里的花朵承受不了狂风暴雨的侵袭，困境更能养成坚强不屈的志气。遇到挫折，不要总是依赖家长和老师，要学会自己去尝试解决，这样才能更好地磨练自己的志气。

**3.自立自强，敢于担当**

很多学生，生活中的琐事总是离不开父母，一切都是父母包办，这种行为对今后的成长极为不利。你要明白，你的学习中会面临各种问题，长大后也会面临各种挑战，所以你要从小培养自立自强的品质，独立承担力所能及的事，做一个有担当、有理想的人。

**4.做事有始有终**

做事情“三分钟热度”，做一半就开始抱怨，想要停下来，这能有什么出息呢？我们做事要有始有终，困难面前要适当地给自己打气，鼓励自己去完成挑战，这样才能把事情做好。如果有一次允许自己半途而废，那么下次，再下次，就会养成拖拉、不认真、有困难就放弃的性格。

# 增添兴趣，让生活更加充实

◎适用写作关键词：兴趣 乐趣

## 兴趣，让你不断进步

如今社会，很多人对每天的生活感到枯燥乏味。总是觉得无聊，工作压抑，生活平淡。其实，之所以觉得空虚，主要是因为缺乏自己的兴趣爱好，导致闲暇时间无聊。有了爱好就有了自己的精神家园，比如平时打打球、读读书、参加娱乐活动等。这样不断充实着自己的时候，心里也就轻松多了。

男孩们现在主要任务就是上学，其实拥有一些兴趣爱好，不仅不耽误学业，还对学习有着很好的提升作用。因此，男孩也要学会培养自己的兴趣爱好，让每一天都轻松快乐。

萧伯纳是英国现代杰出的现实主义戏剧作家，是世界著名的幽默与讽刺语言大师，在他15岁的时候，就因为家庭困难交不起学费而被迫出辍学。在那生活困难的几年里，萧伯纳逐渐对文学产生了兴趣。生活的不易，社会的现实，自己的遭遇等成为了他的写作素材，开始了自己的创作。起初那几年，他的创作道路是非常不顺的。他曾经写过五部长篇小说，可是全部被出版社拒绝了。后来，他开始不断总结，不断反思，决定进行喜剧创作。经历了无数次的

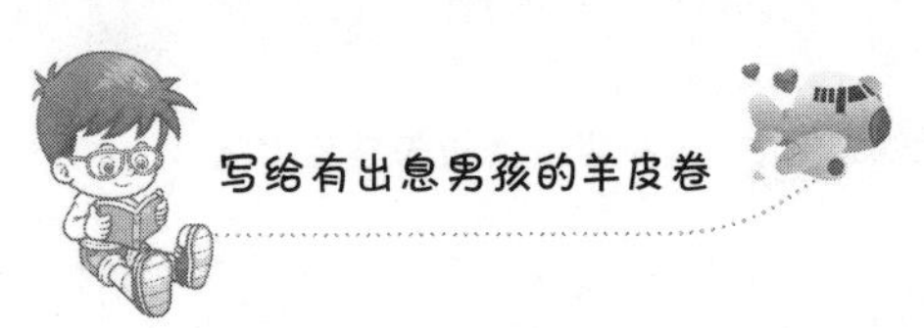


拒绝，一次次的付出也就白费了。尽管如此，最初的兴趣还是支撑他走过了那段岁月，这份热忱，这份喜爱，让他越挫越勇。终于，功夫不负有心人，1923年，萧伯纳创作了历史悲剧《圣女贞德》，公演后获得空前的成功，被认为是最佳的历史剧。1925年，因为他在文学史上做出的巨大成就，瑞典皇家学会授予他诺贝尔文学奖，萧伯纳成为了闻名世界的伟大作家。

张衡是我国东汉时期著名的科学家、文学家，他的出生地在现在的河南省南阳县石桥镇。他的祖父张堪做过太守，为官清廉。父亲早逝，因此张衡家里很贫穷。张衡从小就勤奋好学，加上天资聪颖，很早就闻名乡里。据史书记载，他10岁时就“能五经贯六艺”，过目成诵。他兴趣很广泛，常常涉猎自然科学方面的读物，而且写得一手好辞赋。一天，张衡从一本诗集里读到一首诗，描述了北斗星在各个季节傍晚时的变化：“斗柄指东，天下皆春；斗柄指南，天下皆夏；斗柄指西，天下皆秋；斗柄指北，天下皆冬。”他觉得这太有意思了。天上的繁星闪烁，有的像箕，有的像斗，有的像狗，又有的像熊，它们的运行各有怎样的规律呢？这简直是太美妙了。张衡对此产生了浓厚的兴趣，于是张衡根据诗的内容又参考别的书籍画成了天象图，每夜只要是没有云彩，他就默默地对着天象图仔细观察着夜空。广漠的星空有多少难解之谜呀，他观察着、记录着、思考着，他的脑袋里装满了各式各样的问题，充满了五颜六色的幻想。后来，他终于确认那四句诗里描述得不够准确，事实上斗柄早春指东北，暮春却指东南。兴趣激发无限的创造潜能，最终张衡成为了一代著名的科学家。

男孩们，看完这两个故事，我们应该明白一份热爱，支撑一份努力。一个人，一旦有了强烈的兴趣，就能激发出无限的创造潜能；有了兴趣，就能战胜无限的艰难险阻。萧伯纳因贫困辍学，在经受无数的苦难之下，最终成为了享誉世界的大文豪。张衡在贫穷生活里，由于对天文有着浓厚的兴趣，终究在天文学方面做出了重大贡献。

## 知识窗

### 开心一笑

学生一回到教室就说：“老师，厕所里有好多蚂蚁！”

女老师点点头，忽然想到蚂蚁（ant）这个单字一开学时就教过了，想测测看小朋友是否还记得这个单字，便问小朋友：“那蚂蚁怎么说？”

结果小朋友一脸茫然，过了一会儿才回答说：“蚂蚁……他……他没有说话！”

## 为你支招

男孩们，你可以培养的兴趣爱好有哪些呢？

**1.运动**

男孩的兴趣有很多，相信运动健身是许许多多男孩钟情的一类，不管是球类运动，还是跑步、游泳、登山。运动健身的确是非常有益于人的生理与心理，特别是对处于成长阶段对男孩来说尤为重要。运动有着调节人体紧张情绪的作用，能改善生理和心理状态，恢复体力和精力；可以舒展身心，有助安眠及消除读书带来的压力，运动可以陶冶情操，保持健康的心态，在与其他人一起运动的同时也会培养彼此的情感，锻炼自己的交际能力。

**2.阅读**

阅读可以使我们增长见识，可以提高我们的阅读能力和写作水平，可以使我们变得有修养……男孩们，要养成爱读书的好习惯，不仅学好科学文化知识，也要注重课外阅读，多读一些经典名著，这样你的生活则会更加充实。

### 3.做善事

做善事，能带给你心灵深处的快乐。男孩们，要记得从自己做起，与人为善，多做善事，助人为乐，这样也会交到更多的知心朋友。比如，同学遇到困难或者心情不好，我们可以帮他走出困境，不要置之不理。只有多去给予他人爱心，在你困难的时候才能得到更多的帮助。

# 第02章

# 做个有眼界的男孩，不在诱惑面前停步

所谓有眼界才有境界，立足当下，放眼未来，眼界高远，方能成就自我。男孩们，在生活中要脚踏实地，切忌好高骛远；正直待人，切忌邪恶狡猾；约束自我，切忌放纵而为……此时、此刻、此地，尽力而为，做一个有眼界、有境界的人。向上吧，少年！

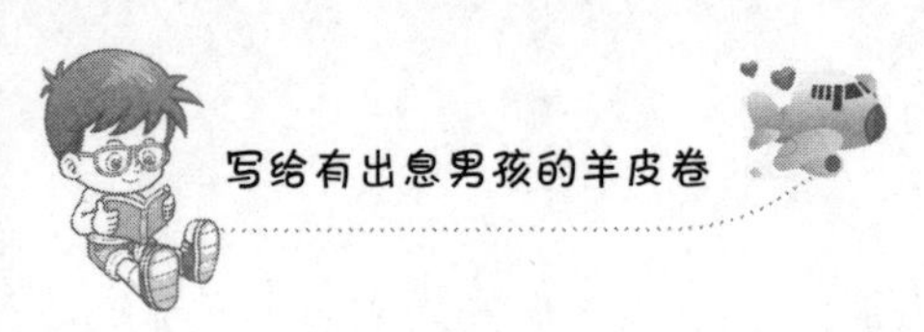


# 脚踏实地，一步一个脚印不断向前

◎适用写作关键词：踏实 稳当

## 脚踏实地，切忌投机取巧

古代，因政治需要，一个帝王想在全国范围内挑选一位优秀人才，承担付出使他国的重任，经过层层选拔，最终确定了两个人。思前想后，帝王还是无法挑出最优秀的那人。于是，他便去寺里找方丈帮忙。方丈听完了帝王的来意，带着帝王和两位候选人来到斋房。方丈对两位候选人说："你们一人选一对桶，从山底挑一担水上山，看谁先上来。"第一个人将水桶反过来倒过去地比较，最后选择了其中两个最小的桶，第二个人则从中选择了两个尖底的水桶。然后，这两人便下山挑水去了。

两位候选人走后，方丈笑着问帝王："陛下认为哪一位可先到达山顶？"帝王一笑，对方丈说："当然是选小桶者先到。"方丈一笑，摇了摇头说："老衲认为，选尖底桶者应先到。"帝王不信，便和方丈打赌，等候在山顶上。

一个时辰后，有人到达了山顶，还真应了方丈所言，果然是挑尖底桶者。帝王不解，忙问为什么。方丈则叫来那位候选人，问道："施主为何选尖底桶？"那位候选人一笑，对方丈说："挑起尖底桶，可以催促我上山啊！因为

我挑起它们便不能让它们着地，一旦着地，水便会洒掉，我就完成不了任务。所以，为了不让水洒掉，我必须持之以恒地走下去，直到完成任务。所以，我选了尖底桶。”帝王听后，豁然开朗，心中便有了出使的人选。不一会儿，挑着两只小桶的人也到达了山顶。当他发现自己不是先到达山顶的人时，一脸羞愧。方丈把他叫了过去，问道：“施主知道自己为什么没有先到达山顶吗？”那人面露愧色，对方丈说：“我原以为我的桶小，挑起来省力，肯定会比他先到，所以在路上没有太急……”

这就是一个简单的挑水故事，其间的道理却引人深思。男孩们，我们每个人心中都有梦，可梦想成真的时间却相差很多。我们应该学习选尖底桶的人，脚踏实地去完成每一步，负重前行，敢于给自己施压，路在脚下，只要我们踏踏实实的、毫不懈怠地去追寻目标，那么你留下的每一个脚印将会成为你成功时刻最美好的回忆。我们应该远离选小桶人的那种思想，投机取巧，钻小空子，最终将会自食恶果。

## 知识窗

### 开心一笑：运动会

奶奶看完运动会后和孙子说：昨天晚上电视里警察枪毙犯人真好看，犯人们站成一排，警察一开枪他们就拼命地绕圈跑，跑得真快，用绳子拦都拦不住，最后还给其中的一个犯人发了一个吃涮羊肉用的火锅呢。

## 为你支招

男孩们，做一个稳扎稳打，不断前进的少年，该从哪里入手呢？

**1.立足当下，从点滴小事做起**

男孩们，或许我们从小怀揣着远大理想，志向远大，这是好事，但是有一点，切记不要脱离现实，好高骛远。比如，我们梦想考上一所名牌大学，或从事理想职业，这时候，我们应该立足当下，一步一个脚印的去奋斗，而不是空想，这样我们才会离目标越来越近。

**2.此时此地此身，立即去做**

此时，就是现在应该做的事情，就立即做起来，不要推到以后；此地，就是可以从你所处的位置为人民和国家作出贡献，就要立即做起来，不要等到别的地点；此身，就是自己能做的事情，要勇于承担，而不要推给别人。此时此地此身就是我们要脚踏实地的落脚点。

**3.志存高远，树立目标**

志当存高远，男孩们，我们应该从小为自己树立远大的人生目标和近期的阶段目标，这样才能不断突破自己，到达成功的彼岸。比如，每个学期为自己制订计划，奔着这个方向去完成，达成目标就是成就。时间久了，这种成就便成为我们不断前进的动力。

# 放眼未来，做个有眼光的男孩

◎适用写作关键词：眼光 鼠目寸光

## 眼光长远，才能看到整个世界

鼠目寸光看到的只是眼前的蝇头小利，这是坐井观天的行为，一个智者所看到的不是眼前，而是更为长远的打算。一个人的眼光决定着一个人的高度，所以希望每一个男孩能够从小提升自己的眼界，让自己的眼光看的更为长远。

孟母三迁的故事相信很多男孩都听过。孟子能够取得如此大的成就与他的母亲是有着很大关系。在孟子很小的时候，孟母就为了孟子的教育煞费苦心，看到小时候周围环境对孟子成长的影响，于是孟母迁居三地，来到学校附近，让孟子学到了为学、为人的道理，这让孟母感到无比欣慰。这是一个作为母亲的先见之名，她知道良好的人文环境对孩子的成长及品格的养成至关重要，孟子后来成为了儒家学派的代表人之一，我想这和他有一个目光长远的母亲是分不开的。

一个眼光长远的人为自己的人生带来的益处也必定是长远的，反之，一切皆会及早的断送，“神童”方仲永就是一个活生生的例子。在方仲永年幼的时候，可以说是有着极高的天赋，“指物作诗立就”，但是不幸的是他有一个目

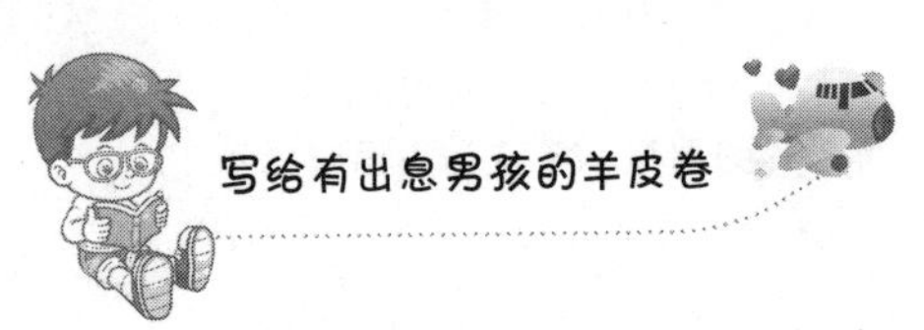


光短浅的父亲，仲永的父亲认为以此有利可图，便每天带着仲永四处拜访同县的人，不让他学习！正因为这样，拥有过人天赋的仲永便与普通人没什么区别了。就这样因为眼光的短浅，因为一时的利益，一个“神童”就这样断送了。

人生就是如此，很多时候会因为自己的眼光而限制了一生的发展。相信孟子和方仲永的故事会给人们带来很大的启发。这不仅仅是要当今的父母思考，如今的孩子本身也需要注意到这个问题的严重性。人们有时候无法决定自己的成长环境，但是每个人都是独立的个体，有着独立的思维能力，我们要懂得考虑自己的未来，懂得分清事情的轻重缓急，用一种放眼未来的心态去规划人生，这样才能活出更多的精彩。

一位留学美国的中国学生和朋友谈起了自己看问题视野的变化。小时候他学习非常出色，可以说是每次考试都是学校拔尖的人物。毕业之后，他以优异成绩顺利考上县里的中学，可是新的成长环境，新的竞争对手越来越多，顶尖的位置已经离他越来越远。于是，内心产生了嫉妒：比自己好的同学原来都有六棱好铅笔，自己却没有，天道不公啊！经过几年的苦读，他居然又成为县中学的第一了。而他又觉得：人与人之间还是不平等的，为什么自己没有好钢笔呢？转眼间中学毕业，他被北京的一所大学录取，可是一向好胜的他发现，自己如今的成绩竟然慢慢地滑到了下游。城里的生活跟他的出身环境简直是天壤之别，他与周围的同学之间的差异竟然是那么大。看到城里的同学是好铅笔成堆，好钢笔成把，早上蛋糕牛奶，晚上香茶水果，想想自己，早上一个窝头还舍不得吃完，还要给晚上留一半。“合理”又从何谈起呢？……后来，他去美国留学，眼前的世界让他的眼睛顿时一亮，从小到大内心积郁下来大那些自卑、嫉妒、埋怨都消失得无影无踪，看到这一切他终于明白了自己的眼界是如此的狭隘。此刻，他明白原来自己选取的比较标准发生了变化，看到的不再是自己的同学、同事和邻居，而是整个世界。

男孩们，相信我们也会或多或少的有过类似的想法。眼光真的是决定一个人的高度，成就一个人的未来。故步自封、坐井观天永远无法迈进新的未来，我们要懂得提升眼界，才能发现我们前方的世界是多么精彩。只有长远的目光，才会得到长远的利益，不要一味贪图眼前短暂的诱惑，也许是螳螂捕蝉黄雀在后。将目光放远一些，看得才会多一点，得到的才会更好。

## 知识窗

### 孟子

孟子（约前372—约前289），名轲，字子舆，今山东人。他是孔子之孙孔伋的再传弟子。相传他是鲁国姬姓贵族公子庆父的后裔，父名激，母仉（zhǎng）氏。孟子是战国时期伟大的思想家、教育家、政治家，儒家学派的代表人物。与孔子并称“孔孟”。后世追封孟子为“亚圣公”，尊称为“亚圣”。其弟子及再传弟子将孟子的言行记录成《孟子》一书，属语录体散文集，是孟子的言论汇编，由孟子及其弟子共同编写完成。

## 为你支招

那么，男孩们，怎样不断提升自己的眼光呢？

**1.不要计较个人得失**

一个目光远大的人，一个心胸宽广的人，是不会为那芝麻大的事情耿耿于怀的。过分计较个人得失的人会给人斤斤计较的印象，让自己处于孤家寡人的境地，结果因小失大，不仅在人际关系上陷入僵局，学习上也会因此而受困。男孩们，如果对小事都不能释怀，那么还有什么时间去放眼未来呢？所以男孩要记得开阔心胸，不斤斤计较，用更多的时间去实现更大的梦想。

**2.要有积极心态，不断激励自己**

相信自己，激励自己，这样我们的心态才会更加健康，我们的能量才会更加饱满。很多时候我们激励他人时说得头头是道，可是到了自己的问题上却容易钻牛角尖，所以说我们要懂得养成一种自我激励的好习惯。养成了用积极的心态激励自己的习惯，你就能把握自己的命运。男孩要学会自我激励，有一个积极向上的心，这样才会不断提升自己以良好的心态去面对人生。男孩遇到困难不要自暴自弃，要放眼未来，自我鼓励，相信眼前的这点小磨难不会打倒自己。

**3.有效地管理并束缚自己的梦想**

拿破仑有句名言："不想当元帅的士兵，不是好士兵。"这句话是对士兵的"野心"的最好鼓励和说明。做一个有眼光的人就要懂得为了自己的目标不断奋进，要有一颗"狼子野心"。一个有野心的人才能更懂得去搏击长空，开拓一片新的天地。其实，野心就是雄心，就是目标，就是方向。男孩们要有效地管理并束缚自己的梦想，为自己的野心不断奋斗。

# 秉持原则，做一个正直的人

◎适用写作关键词：正直 原则 刚正

## 正直做人，显大公无私之范

做一个正直的人，是一种美德，也是为人的基本原则。为人正直，以诚待人，做人一定要走得直，行得正，做得端，这样才会赢得他人的信任、钦佩和尊重。

《吕氏春秋·去私》曾有这样一个故事。晋平公当皇帝的时候，有一个叫南阳的地方缺一个官。晋平公问祁黄羊："你看谁可以当这个县官？"祁黄羊说："解狐这个人不错，他当这个县官合适。"平公很吃惊，问祁黄羊："解狐不是你的仇人吗？你为什么要推荐他？"祁黄羊笑答道："您问的是谁能当县官，不是问谁是我的仇人呀。"平公认为祁黄羊说得很对，就派解狐去南阳作县官。解狐上任后，为当地办了不少好事，受到南阳百姓普遍好评。

过了一段时间，平公又问祁黄羊："现在朝廷里缺一个法官，你看谁能担当这个职务？"祁黄羊说："祁午能担当。"平公又觉得奇怪，"祁午不是你的儿子吗？"祁黄羊说："祁午确实是我的儿子，可您问的是谁能去当法官，而不是问祁午是不是我的儿子。"平公很满意祁黄羊的回答，于是又派祁午当

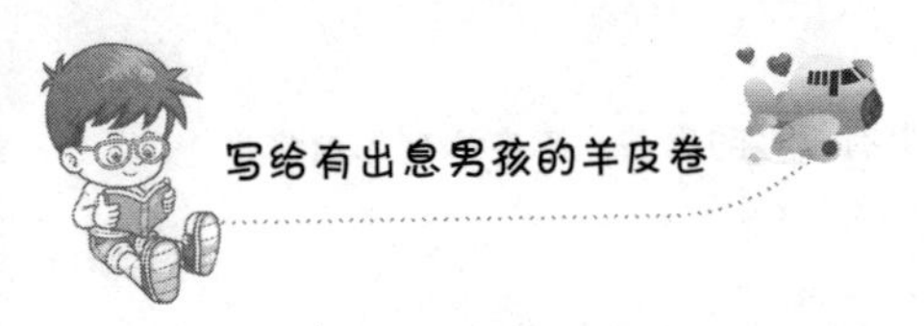

了法官，后来祁午果然成了能公正执法的好法官。

孔子听说这两个故事后称赞说：“好极了！祁黄羊推荐人才，对别人不计较私人仇怨，对自己不排斥亲生儿子，真是大公无私啊！”

上面的故事，我们可以看出祁黄羊是一个完全为集体利益着想，没有一点私心的人。他为人正直，即便是自己的敌人，他也勇于推荐，毫不计较，对于自己的孩子，只要有才干，也毫不忌讳。最终赢得了晋平公的赞赏，为百姓带来了一批好官，造福一方。男孩们，做人正直是一种美德，也是基本的准则，我们在学习中要学习祁黄羊的这种精神，为人正直，不计较个人利益，无论环境如何变化，都要始终秉持自己的想法，做一个有原则的好少年。

## 知识窗

### 祁黄羊

祁奚（前620—前545），姬姓，祁氏，名奚，字黄羊，春秋时晋国人（今山西祁县人），因食邑于祁（今祁县），遂为祁氏。周简王十四年（前572年），晋悼公即位，祁奚被任为中军尉。祁奚本晋公族献侯之后，父为高梁伯。“下宫之难”后，晋景公曾以赵氏之田“与祁奚”。悼公继位，“始命百官”，立祁奚为中军尉。平公时，复起为公族大夫，去剧职，就闲官，基本不过问政事。祁奚在位约六十年，为四朝元老。他忠公体国，急公好义，誉满朝野，深受人们爱戴。盂县、祁县均设有祁大夫庙。他曾推荐自己的杀父仇人解狐替代自己的职位。

## 为你支招

那么，男孩们，做一个正直有原则的人，需要从哪些方面入手呢？

**1.为人正直，要敢作敢当**

男孩们，做人要有胆量，我们要做一个敢作敢当的男子汉。敢于放手行事，敢于承担责任。在学习中，也是如此，自己做错了事情，不要怯懦的去推卸责任，要学会承担，敢于改正，这才是大家心目中的好少年。

**2.为人正直，要诚实守信**

人生活在社会中，总要与他人和社会打交道。处理这种关系必须遵从一定的规则，那就是诚实守信，有章必循，有诺必践；否则，个人就失去立身之本。在校园中也是如此，倘若总是失信于他人，还怎么在同学间立足呢？所以男孩们，答应朋友的事情一定要做到，这样才能赢得他人的尊重，老师的认可。

**3.为人正直，做人处事公正坦率**

正直就是要不畏强势，敢作敢为，要能够坚持正途，要勇于承认错误。正直意味着有勇气坚持自己的信念。这一点包括有能力去坚持你认为是正确的东西，在需要的时候义无反顾。男孩们，不论是现在的学习生活，还是以后踏入社会，切记要做一个公正坦率人，不要因偏袒自私而酿成大错。

# 克制欲望，远离诱惑的漩涡

◎适用写作关键词：欲望 私欲 诱惑

## 不为其所惑，方显至高魅力

人的一生，恐怕要遇到各式各样的诱惑，金钱，名利，情感，无时不在挑战着我们的道德底线，欲望没有止境，面对这些无休无止的诱惑？我们能做的到底是什么？下面的故事将会给你一定的启发。

一个顾客走进一家汽车维修店，自称是某运输公司的汽车司机。“在我的账单上多写点零件，我回公司报销后，有你的好处。”他对店主说。但店主拒绝了这样的要求。顾客纠缠说：“我的生意不算小，会常来的，你肯定能赚很多钱！”店主告诉他，这事无论如何也不会做。顾客气急败坏地嚷道：“谁都会这么干的，我看你是太傻了。”店主火了，他要那个顾客马上离开，到别处谈这种生意去，这时顾客露出微笑并满怀敬佩地握住店主的手：“我就是那家运输公司的老板，我一直在寻找一个固定的、信得过的维修店，你还让我到哪里去谈这笔生意呢？”面对诱惑，不为之动摇，不为其所惑，虽平淡如行云，质朴如流水，却让人领略到一种山高海深，也许这一点能更好地感受到一个人的魅力所在。

店主的优良品质及他的表现，相信会给男孩们的成长带来极大的帮助。现如今我们生活的时代就是一个充满诱惑的时代，网络游戏的诱惑，网上聊天的诱惑，赌博的诱惑，名牌商品的诱惑……如果我们不能以顽强的意志保持自我，今天受这个诱惑，明天受那个诱惑，那么最后的最后只能是迷失自我？所以，男孩们，面对诱惑我们要勇于保持自我，勇于抵抗诱惑。

## 知识窗

### 跳出网络游戏小支招

1.及时意识到错误

长期的沉迷网络游戏不仅会影响学习，还会影响日常的生活，缺少朋友，跟家长经常吵架等，及时意识到自己的错误了，才可以改正。

2.转移注意力

想要玩游戏的时候去做一些其他的事情，比如去吃东西，比如去外面散步，比如去看几本书等，尽可能控制住自己想玩游戏的欲望。

3.删除游戏的客户端

可以逐步把自己在玩的游戏删除，如果狠不下心，可以告知父母让父母来完成，还可以跟父母商量每天的上网时间。

## 为你支招

那么，男孩们，面对形形色色的诱惑，我们怎样才能远离这些陷阱呢？

**1.增强自制能力**

当不良诱惑来临时，我们要学会克制自己，提高自己的自制能力。比如，临近考试，朋友邀你一起去打游戏，再或者身边有人拉你一起赌博入伙，这时候我们一定要依靠自己的自制力和智慧拒绝参与，保持良好习惯，避免沾染不良习气。

**2.事先考虑后果，抵制诱惑**

如果克制不住自己的小欲望，男孩们，不要怕，我们可以试着去联想一下，你要做的事情会对你的前程和生活造成什么样的后果。如联想自己能够拒绝电子游戏机、黄色书刊、暴力等不良诱惑，通过自己的努力，毕业后一定能够从事自己感兴趣的工作，幸福、愉快地生活。

**3.合理搭配时间，改正不良习惯**

一个懂得合理安排时间的人是没有那么多无聊的时间去痴迷于不良诱惑的。比如，我们这个时间应该是做功课，那么我们就要全身心地投入学习里；到了午休的时间，我们要好好休息，以免下午没有精神；当我们累了，我们此时要去打打球、参加一下娱乐活动，劳逸结合才能更有精神……就这样，我们把时间安排得井然有序，是什么时间，就做什么事情，慢慢地就可以改掉因为对某件事情着迷而误时的坏习惯。

# 小不忍则乱大谋，冲动是魔鬼

◎适用写作关键词：隐忍 忍耐 冲动

## 只差最后一点，终究功亏一篑

有一位年轻人毕业后被分配到一个海上油田钻井队工作。第一天，领班要求他在限定的时间内登上几十米高的钻井架，把一个盒子拿给在井架顶层的主管。年轻人抱着盒子，快步登上狭窄的、通往井架顶层的舷梯，当他气喘吁吁地登上顶层，把盒子交给主管时，主管只在盒子上面签下自己的名字，又让他送回去。于是，他又快步走下舷梯，把盒子交给领班，而领班也是同样在盒子上面签下自己的名字，让他再次送给主管。

当他第二次登上井架的顶层时，已经浑身是汗，两条腿抖得厉害。主管和上次一样，只是在盒子上签下名字，又让他把盒子送下去。年轻人转身走下舷梯，把盒子送下来，可是，领班还是在签完字以后让他再送上去。

年轻人终于开始感到愤怒了，但他尽力忍着不发作。当他上到顶层时，浑身上下都被汗水浸透了，汗水顺着脸颊往下淌。他第三次把盒子递给主管，主管看着他慢条斯理地说："把盒子打开。"

年轻人打开盒子，里面是两个玻璃罐：一罐是咖啡，另一罐是咖啡伴侣。

主管又对他说："把咖啡冲上。"年轻人再也忍不住了，"啪"的一声把盒子扔在地上，说："我不干了。"说完，他感到心里痛快了许多，刚才的愤怒发泄了出来。

这时，主管站起身来，直视他说："你可以走了。不过，看在你上来三次的分上我可以告诉你，刚才让你做的这些叫作'承受极限训练'，因为我们在海上作业，随时会遇到危险，这就要求队员们有极强的承受力，只有这样才能成功地完成海上作业任务。很可惜，前面三次你都通过了，只差这最后的一点点，你没有喝到你冲的甜咖啡，现在，你可以走了。"

男孩们，这个故事读懂了吗？忍耐，对我们确实是压抑人性的痛苦之事，可小不忍则乱大谋，不要为逞一时之快，在差那么一点点的时候选择放弃。要赢得成功，在激烈的竞争中立于不败之地，就必须要学会处事低调，隐忍做人。因为一生还有更长的路要走，还有更大的目标等着你去实现，莫让当下毁于冲动。

**知识窗**

### 开心一笑：冲动是魔鬼

大侠纵马归家，发现妻儿失踪，只有一封信用匕首钉在墙上。

他拿起信来读道："你妻儿在我手上，若要他们平安，三天后，我在××城边××岭××驿馆等你。"

大侠怒火中烧，将信撕得粉碎，仰天大吼道："大胆贼人，竟敢如此嚣张！三天之后，我必把你碎尸万段！……坏了，地址忘了！"

## 为你支招

那么，男孩们，怎样才能学会忍耐坚持，避免冲动呢？

**1.控制自己的情绪和行为**

男孩们，是否有这样的行为，在自己学习或者生活中，遇到不如意的时候，为一点小事而大动干戈、发脾气，既破坏了和谐的氛围，也破坏了同学间的团结。其实，冲动是一种行为缺陷，缺乏理智而带有盲目性，因此我们要学会控制情绪，对后果有一个清醒认识的行为。

**2.懂得理解，要心宽豁达**

当一些人小事困扰你，请你理解、豁达，也同时展现出你不同别人的宽广胸怀。

**3.学会坚持，不轻易放弃**

男孩们，坚持不放弃是一种优秀的品质。很多时候其实我们已经临近成功了，可是每每这时我们却因为这样那样的原因选择了放弃，既然放弃了，那么前面的付出就真的是白费了。我们是否问过自己，为何不坚持一下呢？只要继续忍耐一下，坚持一下，就能换来柳暗花明，但是又有多少人能坚持呢？学习中，遇到难题，我们就放弃，可是为什么不再努力一把，攻破各个难关，那样你的目标不就越来越近了嘛！

# 自我约束，为自己的行为负责

◎适用写作关键词：约束 负责 克制

## 天知、神知、我知、子知

懂得约束自己的行为，进行自我教育，这就是自律。具备良好的自我约束精神是一个人有良好修养的重要表现，即便独自一人，也能谨慎地遵守原则，为自己的行为负责，这种可贵是值得我们尊重、学习的。

下面的这个小故事，会告诉你什么是自我约束，对自己负责。

东汉年间，出了个有名的清官叫杨震。他任荆州刺史时，发现一个叫王密的人才华出众，便向朝廷举荐。朝廷接受了杨震的举荐，委任王密为昌邑（今山东金像贤）令。王密对杨震十分感激。他私下拜会杨震，执意送上十两黄金以表谢意和感激，并低声说：“黑夜里，无人知道，您就放心的收下吧！”杨震脸色阴沉，斥责道：“你送黄金给我，有天知、地知、你知、我知，怎么能说无人知道呢？自古以来，君子慎独，哪能以为无人知道，就做出违背道德的事情呢？”一席话，说得王密羞愧难当，他急忙起身谢罪，收起金子走了。

杨震自大将军邓骘征召入府任职，到被罢免太尉止，共出仕二十多年。他为人刚正不阿，为官恪尽职守，公正、廉能，他的品德因此为世人所称赞。因

拒收王密贿礼，说出了“天知、神知、我知、子知”这“四知”的千古名句，成为清廉自持，不接受非义馈赠的典源。他时刻秉持自己的原则，有着良好的自我约束精神，所作所为对得起天地，也能够为自己的品行负责。

男孩们，杨震的故事相信会给你很大的启发意义。不论何时我们一定要像杨震一样培养良好的自制能力，克制自己的不良习惯，约束自己的言行举止，这样才能对得起自己的良心。

## 知识窗

### 巧妙运动，快乐长高

（1）游泳、篮球、跳绳等运动是最会长高的运动，每天固定10~30分钟的上述运动，你就能奠定良好的长高基础。

（2）再补以专为长高设计的吊环，则能让四肢的关节充分的运动，四肢会变得更修长。

（3）经常按摩腿部关节软骨，并用吊环拉吊腿部，能减少脂肪囤积臀部及大腿，并形成修长的腿部。

（4）别忘了多吃面食类及牛奶、贝类、小鱼干等含钙量高的食品。

（5）经常吃柠檬，牛奶及乳酸菌可将钙转化柠檬酸钙及乳酸钙，可帮助骨骼快速成长。

## 为你支招

那么，男孩们，当自己行为懒散，或意念动摇时，怎样进行自我约束呢？

### 1.有强烈的责任感

一个对自己对生活有责任心的人，是不会纵容自己的懒散及贪欲的。如果为了自己一时的贪念就动摇，那么何谈做一个顶天立地的男子汉呢？责任心对于一个人的成长来说至关重要，可以说是一个人良好人格的重要组成部分，是对自己负责的重要表现。我们从小就要认识到责任的重要意义，从小事做起，这样才能逐步锻造一个人的良好品格。比如我们想出去玩耍，可是老师布置的任务还没完成，我们应该暗示自己，用心做好功课，完成后再出去。

**2.要抵御诱惑**

面对诱惑，有时我们喜欢说“就这一次，以后就不这样了，这是最后一次”，可是就是这种心理让人堕落，永远抵御不了面前的诱惑。所以我们要坚决抵抗住“一次”的诱惑。最后就是持之以恒，“冰冻三尺非一日之寒”，只要坚持下去，就一定可以越来越好地约束自己。

**3.坚持自律**

男孩们，如果只是简简单单地写出你的目标和价值观是远远不够的。你必须在心中无比坚信与坚守这些目标和价值观。否则，如果闹钟在五点响了，你会觉得“再睡五分钟”情有可原；或是“三天打鱼”后，你会纠结要不要“两天晒网”。

但是如果你在奋斗中带着信念，在做决定时头脑清醒，下定决心就说到做到，包括做到什么以及如何做到。

# 第03章

# 做有担当的男子汉，勇敢肩负起属于自己的责任

“责任重于泰山”这句话相信每一个有志少年都会铭记于心。每个人生活在这个世界上都被赋予着一定的使命，因此，我们对人、对事要秉持一种高度负责的态度。男孩们，在学习生活中我们要胸怀责任心，敢于承担重任，遇事不退缩，勇敢向前，做一个有担当、有信仰的男子汉！

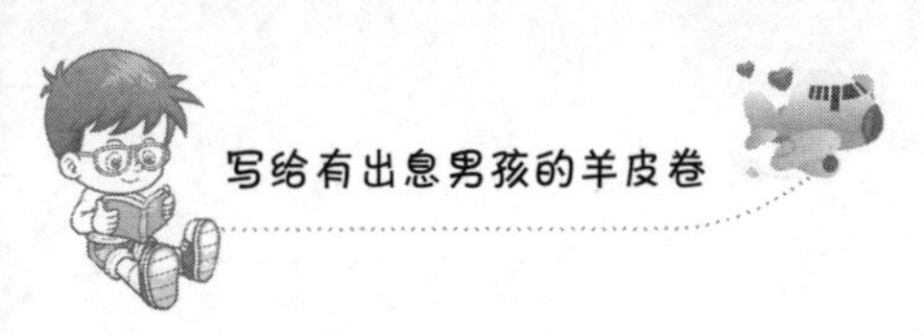


# 责任重于泰山，我是真正男子汉

◎适用写作关键词：责任 使命

## 勿忘使命，责任永记于心

似乎很多人看到责任二字，会选择逃避、推脱。责任是什么？其实责任没有特殊的定义，只凭一个人的良心就可很好地诠释。

法里斯年少时在父亲工作的地方帮忙，曾碰到过一位难缠的老太太。每次当法里斯把她的车清理好时，她都要再仔细检查一遍，然后让法里斯重新打扫，直到她满意为止。后来法里斯实在受不了了，便拒绝为这个老太太服务。他的父亲告诫他说："孩子，记住，这是你的责任！不管顾客说什么或做什么，你都要做好你的工作。"从那以后，无论做什么，法里斯都保持着高度的责任感。后来他成为美国的独立企业联盟主席。永远不要忘记自己的使命，对人对事保持一种高度认真负责的态度，生活就不会亏待我们。

查尔斯·詹姆斯·福克斯是英国著名政治家，他以"言而有信"获得了政界较高的赞誉。当福克斯还是一个孩子时，有一次，福克斯父亲打算把花园里的小亭子拆掉，再另行建造一座大一点的亭子。小福克斯对拆亭子这件事情非常好奇，想亲眼看看工人们是怎样将亭子拆掉的，他要求父亲拆亭子的时候一定要叫他。小福克斯刚巧要离家几天，他再三央求父亲等他回来后再拆亭子，福克斯父亲敷衍地说了一句："好吧！等你回来再拆亭子。"过了几天，等小福克斯回到家中，却发现旧亭子早已被拆掉了，小福克斯心里很难过。吃早饭的时候，小福克斯小声地对父亲说："你说话不算数！"父亲听了觉得很奇怪，说："不算数？什么不算数？"原来父亲早已把自己几天前说过的话忘得一干二净。老福克斯听到儿子的话后，前思后想，决定向儿子认错。他认真地对小福克斯说："爸爸错了！我应该对自己说过的话负责！"

看完这两个故事，相信男孩们已经明白，要想成为真正的男子汉，那就应该像故事中的主人公一样，做一个有责任心的人。时刻牢记自己的使命，将责任永记于心，这样才会成长得更快、更棒！

早上，老师到教室检查清洁时，发现昨天盛饭的餐桌上有残留的饭粒，而负责打扫的同学忘了值日，并且周围的同学即使看见了也都不管。这虽然是件小事，但我们往往会因为这些小事，而丧失了自己的责任心。

## 知识窗

**"天行健，君子以自强不息；地势坤，君子以厚德载物。"**

出自《周易》。清华校训。

释义：天（即自然）的运动刚强劲健，相应地，君子处事，也应像天一样，自我力求进步，刚毅坚卓，发奋图强，永不停息；大地的气势厚实和顺，君子应增厚美德，容载万物。

## 为你支招

那么，男孩们，怎样养成负责任的好习惯呢？

**1.要加强自理能力的培养**

现在很多学生大都是独生子女，他们由于物质生活日渐富裕，往往会养成任性、自私、不合群等毛病，很多事情都要由父母包办代替。如整理书包、洗衣服等。其实，男孩们应该去做一些力所能及的事情，在这过程中，自认而然的就会树立起一种责任意识，促进自己责任心的发展及养成良好的习惯。

**2.心中有爱，学会感恩**

我们任何人都应该履行对人类、对国家、对家庭和对自己的责任。责任感不是面具，是我们的心灵。比如，我们努力学习也是心怀责任感的表现，这样对得起父母的期盼、老师的教诲，同时也是报效祖国的方式。

**3.言必信，行必果**

说出的事一定可信，说了就一定守信用，一定办到，这样才是对自己的一言一行高度负责的表现。学习中，倘若我们为自己制订一个学习计划，答应了老师这个学期一定做好，那么就要努力去完成，而不是明天就抛在脑后，忘得一干二净，此行为不仅让老师失望，也是对自己的言行不负责任，这样怎么能成为一个有责任心的男子汉呢?

# 不要推脱责任，要敢于正视错误

◎适用写作关键词：承担借口

## 难道你真的没有一点错吗?

尼克没有等到晚上放学，就哭着回到了家，送他回来的是学校里的一个阿姨。尼克的父亲问学校里的阿姨，这到底是怎么一回事？

阿姨说，放学前小朋友们排队，可尼克根本就不好好站，总是窜来窜去的，结果不知怎么，就和一个同学起了冲突。老师批评了尼克几句，他就开始哇哇地哭个不停，还跟老师嚷嚷："我没错！我没有打他！"

父亲向阿姨道了谢，然后拉着尼克进了门。

"怎么回事？"父亲看着两眼红红的尼克问道。

"我不小心和艾文撞了一下，结果艾文就使劲儿地推我，我踢了他一脚，艾文哭了，老师就说我了。"尼克脸上挂着两行泪珠，补充说道："是他先推我的！"

听到这里，父亲基本上把事情的来龙去脉搞清楚了，他语气平和地问尼克："难道你一点责任都没有吗？"

"没有！不是我的错！是艾文先推我的！"

“好，尼克，现在我问你，如果你按照老师的要求排队，不乱跑，能不小心撞到艾文吗？你没有撞到艾文，艾文会推你吗？”

尼克默不作声了。

“尼克，现在你再仔细想想，你一点责任都没有吗？我相信我的尼克是一个男子汉，作为男子汉，尼克要记住，不要把什么责任都推到别人的身上！遇事仔细想一想，为什么别人会这样对你，你是不是做了什么不对的事情。”

最后，父亲对儿子尼克说了一句话：“你得学会对自己的行为负责！”

尼克用力地点了点头。

男孩们，故事结束了，相信它带来的启示将永远都会伴随着我们。在教育孩子上，或许很多家长存在一定的偏激，或是劈头盖脸的大骂一顿，或是宠溺孩子，去找他人“算账”……这些都不利于青少年的成长。尼克的父亲用自己的智慧教育孩子学会承担责任、不为自己的错误找借口，是教育的榜样，同时对孩子的成长有着积极的意义。他不仅教育了尼克，相信也教育了我们。加油吧，男孩们，从现在开始，做一个学会承担，不为错误找借口的小男子汉。

知识窗

**开心一笑：有责任心的老板**

不知怎的，最近公司发现有老鼠来回窜，不时会有女同事的尖叫声。老板对助理说：“一会你去买些老鼠药，在公司每个角落放些。”助理：“好的，马上办！”突然，老板叫住助理：“等过春节后再办吧！”助理疑惑不解：“为什么？”老板：“今年公司效益很不好，明天宣布取消年终奖……我怕有些员工想不开啊！……安全为上……”好老板啊……

## 为你支招

那么，男孩们，犯了错，我们应该怎么面对呢？

**1.提高自己的觉悟水平**

犯了错，要有觉悟，就怕明知道自己错了，还要一意孤行。少年们，我们现在处于青春期，性格还处于一定的养成阶段，在此，一定不要任由自己的脾性而铸成大错。学习中，例如冲撞了老师、同学，要敢于正视错误，提高觉悟，请求他们的原谅。

**2.知错就改，不推及他人**

因自己的失误而犯下错误，我们要敢于正视，知错就改，那样才是真正的男子汉。不要总是推来推去，埋怨别人，试想一下，自己真的没有一点错吗？男孩们，生活中不免有一些小摩擦，如果真的我们错了，那就勇于正视自己吧，推及他人，伤害友谊，也会造成别人对自己不负责任的反感。

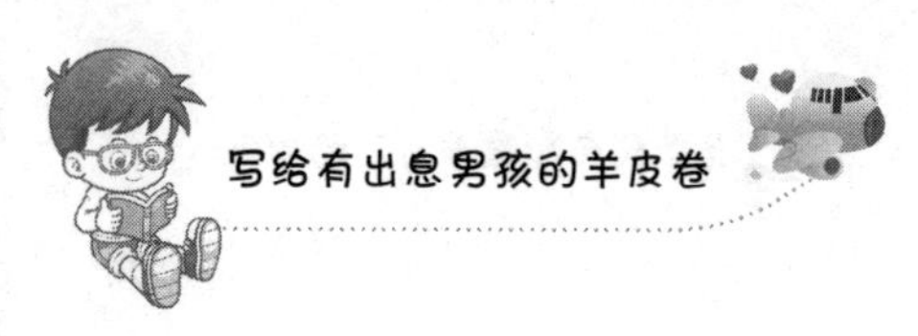


# 做一名勇士，而不是逃避退缩的士兵

◎适用写作关键词：逃避退缩

## 林肯，用一生诠释永不退缩的含义

什么是坚持？什么是逃避？或许这勇敢向前、永不退缩的最好的证明者莫过于亚伯拉罕·林肯。他的一生所经受的磨难，或许常人无法体会。他从出生那一刻起，就面临着一贫如洗的生活，一生都在与挫折作斗争，8次竞选8次落败，两次经商失败，甚至还精神崩溃过一次。

他有选择放弃的权利，逃避这一系列的磨难，然而这不是他的作风，正因为有了他的毫不退缩、坚持向前迈进的精神，才成就了他的一生，成为美国历史上最伟大的总统之一。

林肯天下无敌，而且他从不放弃。

以下是林肯进驻白宫前的简历：

1816年，家人被赶出了居住的地方，他必须工作以抚养他们；

1818年，母亲去世；

1831年，经商失败；

1832年，竞选州议员但落选；

1832年，工作也丢了，想就读法学院，但进不去；

1833年，向朋友借钱经商，但年底就破产了，接下来，他花了16年，才把债还清；

1834年，再次竞选州议员，赢了；

1835年，订婚后即将结婚时，未婚妻却死了，因此他的心也碎了；

1836年，精神完全崩溃，卧病在床6个月；

1838年，争取成为州议员的发言人但没有成功；

1840年，争取成为选举人，但失败；

1843年，参加国会大选，落选；

1846年，再次参加国会大选，这次当选，前往华盛顿特区，表现可圈可点；

1848年，寻求国会议员连任，失败；

1849年，想在自己的州内担任土地局长的工作，被拒绝；

1854年，竞选美国参议员，落选；

1856年，在共和党的全国代表大会上争取副总统的提名，得票不到100张；

1858年，再度竞选美国参议员，再度落败；

1860年，当选美国总统。

“此路艰辛而泥泞。我一只脚滑了一下，另一只脚也因而站不稳，但我缓口气，告诉自己：这不过是滑一跤，并不是死去而爬不起来。”林肯在竞选参议员落败后如是说。

看完这个故事，我们应该明白什么才是真正的不抛弃、不放弃，男孩们，我们都要努力向林肯总统一样做一个个顶天立地的男子汉，而不是遇事退缩的逃兵。生活中有很多的挫折，有挫折就有压力，有压力就有面临的责任，我们要化压力为动力，勇敢向前，迎接学习生活中的挑战。

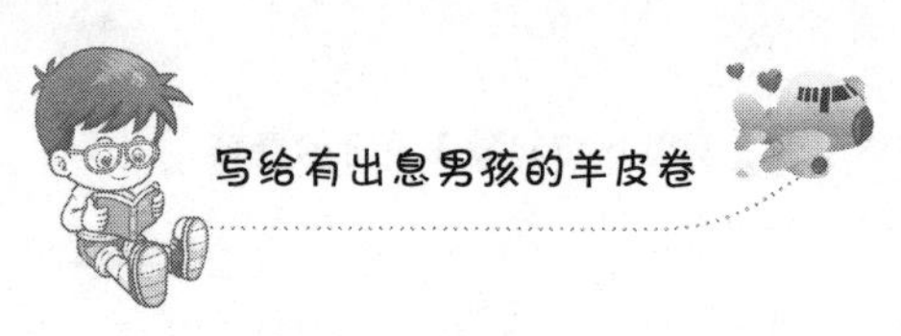

## 知识窗

### 教师节的来历

1985年1月21日，第六届全国人大常委会第九次会议作出决议，将每年的9月10日定为我国的教师节。尊师重教是中国的优良传统，早在公元前11世纪的西周时期，就提出“弟子事师，敬同于父”，古代大教育家孔子更是留下了“有教无类”、“温故而知新”、“学而时习之”等一系列至理名言。传道授业解惑的教师，被中国人誉为人类灵魂的工程师。其实早在1932年，民国政府曾规定6月6日为教师节，新中国成立后废除了6月6日的教师节，改用“五一国际劳动节”为教师节，但教师节没有单独的活动，没有特点。而将教师节定在9月10日是考虑到全国大、中、小学新学年开始，学校要有新的气象。新生入学开始，即尊师重教，可以给“教师教好、学生学好”创造良好的气氛。1985年9月10日，是中国恢复建立第一个教师节，从此以后，老师便有了自己的节日。

## 为你支招

那么，男孩们，怎样靠自己的努力克服逃避心理呢？

**1.克服以自我为中心的思维模式**

每个人遇到的事情很多，不管是高兴的还是难过的，所有的经历都是成长道路上不可或缺的一部分。在困难面前很多人总是过分宠着自己，以自我为中心。哪怕是受点小委屈，就觉得自己好像是遇到什么大问题似的没完没了，至于吗？一个现实的人，即使受到情绪的影响，也能换位思考。他们会认为：“是的，我努力了，但是没有考好。除了下次继续努力外，别无选择。从现在开始，我必须振作起来。”

**2.咬牙做自己不爱做的事情**

如果事事都依着自己的性子，那么你永远都无法成长。很多人总是推卸一些不喜欢做的事情，但是这样只会让你更加逃避，会让你的毅力和决心慢慢地丢失。我们是男子汉，要学会吃苦，也要懂得坚持，这样才会赢取更好的未来。比如，坚持晨跑的人，一开始总是贪睡，觉得早起是难以想象的苦差事。可当他坚持一个星期、一个月后，他就会觉得那些爱睡懒觉的人，是在浪费大好时光。

**3.培养想到就做的习惯**

言行统一起来，事情才会更快地解决。当男孩遇到问题的时候，不要把解决方法停留在口头上，要用实际行动去践行，这样才能培养自己想做就做的习惯，也能从实践中积累经验。尽管你能做的只是一件小事，离成功的终点还有很远，但积少成多，日积月累，至少你已经在成功的道路上前进了。

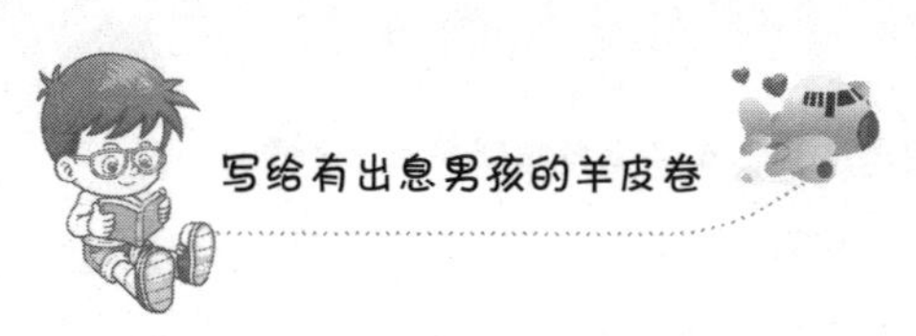


# 责任是一种力量，鞭策自己不断前进

◎适用写作关键词：责任 动力 前进

## 为你的过失负责，做更优秀的自己

如果犯了错我们怎么做？不接受道歉，我们又怎么做？下面的故事将会告诉你到底怎么去解决这些事情。

1920年，美国有一个12岁的小男孩，在马路上和同伴一起踢足球。只见他飞起一脚，球在空中旋转，“啪”的一声击中了路边一户人家的玻璃窗，玻璃碎了，户主怒气冲冲地从房子里跑出来，严厉地问：“这是谁干的？”小男孩愧疚地低头承认错误，向户主说对不起，请求原谅。可是户主对这个小男孩的无心过失竟然不依不饶，坚持要求按照原价赔偿玻璃钱12.5美元。小男孩哪有这么多钱？要知道在当时12.5美元能买125只母鸡呢。自知闯了“大祸”的小男孩哭了，只好回家向父亲求助。父亲没有大发雷霆，也没有马上领着他去户主家赔偿，而是沉思了一会儿，对可怜巴巴的小男孩说：“我可以帮你，但你必须要为自己的过失负责。”

父亲借给小男孩12.5美元，并与他约定一年后必须还清。此后，这个男孩一边刻苦读书，一边利用课余时间辛勤打工挣钱。他在街头擦皮鞋、送报纸，还到餐馆刷过盘子，吃了很多苦。当他终于挣足了12.5美元，自豪地把钱交到父亲手里的时候，父亲欣喜地拍着他的肩膀说："一个能为自己过失负责的人，将来一定会有出息的！"

果然，这个小男孩长大后成了美国政坛上的风云人物，他就是曾连任两届总统的里根。

男孩们，我们是不是为这个小男孩的举止感到震惊。是啊，在踢球砸碎玻璃的时候，他没有逃避或是逃走，而是敢于承认错误，请求原谅，这是一种品德。对于户主刁难，他找父亲寻求帮助，面对父亲提出的惩罚措施，他没有推卸或是发脾气，而是用自己的实际行动为自己的行为买单。这就是责任、担当，他把这种责任心化作是前进的动力，不断地鞭策自己进步，为自己行为负责，这值得我们每一个男孩学习。

## 知识窗

青少年怎么预防驼背？

（1）注意端正身体的姿势，平时不论站立、行走，胸部自然挺直，两肩向后自然舒展。坐时脊柱挺直。看书写字时不过分低头，更不要趴在桌上。人们所说的要"站如松，坐如钟"是有一定道理的。

（2）正在发育的青少年最好睡硬板床，以使脊柱在睡眠时保持平直。

（3）加强体育锻炼。认真上好体育课，做好课间操，促进肌肉力量的发展。在全面锻炼的基础上做矫正体操。矫正体操有很多种，有各种形式的徒手操，有利用各种体育器械的矫正操。矫正驼背主要以增强背肌、挺直躯干和扩张胸廓为主。

## 为你支招

那么，男孩们，怎么做才能在“犯错”中达到自我教育的目标呢?

**1.提高自身素质，自我反省**

男孩们，作为新时代的少年，我们要注重增强各方面的素质，做一个有品德有思想的好学生。我们要随时提醒自己，不断反省，从而使自己不断进步、向上。比如，在与老师同学的交往中，能够发现自己的不足，改善自己的缺陷，向他人学习，从而更好地提高自己。

**2.严格要求自己，进行适度惩罚**

在自己犯错的时候，只是愧疚不付出行动也是不够的。此时可以进行在能力承受范围之内的适度惩罚，例如面壁思过、主动承包家务劳动、自己打工挣钱、取消节假日出游计划等，从而更深刻地反思自己的错误行为。这样更好地培养自己敢于负责、勇于承担责任的意识。

# 用心·坚守，责任与信仰让你散发光芒

◎适用写作关键词：责任 坚守

## 不要让小花褪去昔日的色彩

明明今年四岁半了，已经上幼儿园了，最近他在学习有关植物方面的知识。明明迷上了植物，他觉得那些花草实在是太美了，便苦苦地哀求爸爸给他买一盆鲜花。

爸爸同意了明明的请求，趁周末带着明明到花卉市场买了一盆小花。父亲希望明明看到小花生长的整个过程，并且能够自己照顾它。于是，父亲和明明约定，由明明负责照顾鲜花，给它浇水和施肥。

最初几天，明明非常兴奋，每天耐心地给小花浇水，还根据日照的情况，不断给花盆挪动位置，并拿出本子，歪歪扭扭地在上面画出花卉生长的情况。

明明的爸爸看到小明明这么有责任心，十分满意。可是，没过多久，明明的爸爸发现小明明给花浇水的次数越来越少了，甚至好多天都不给小花浇水，也不做记录，似乎他已把养花的事给忘了。结果，小花慢慢枯萎了，叶子也开始泛黄，生长的速度减慢了，再过几天，盆花快死了。

吃过晚饭，明明爸爸把明明叫到阳台，说："你给花浇水了吗？"

明明低着头说：“没有。”

“为什么没有？”

“我……”

“我们在买这盆花的时候，是怎么说的？由谁负责给这盆花浇水？”

明明沉默不语。

“你看，这盆花多么伤心、悲哀！它失去了美丽的叶子变得枯黄，而这都是因为你。”

以后的日子里，明明每天坚持给花浇水，小花不久又恢复了以往漂亮的颜色。

故事虽然简单，道理却深刻，我们应该好好反思一下自己。男孩们，我们是不是也存在这一问题呢？或许在最初的时候，我们对于一件事保持自己的信仰，相信自己能承担起一份责任，或许时间久了，就像明明一样逐渐淡忘了。其实，这也是一种责任心的懈怠，我们要时刻提醒自己，坚守责任与信仰，把事情做到最好。

**知识窗**

益智补脑，吃什么？

1.鱼

是促进智力发育的首选食物之一。在鱼头中含有十分丰富的卵磷脂，是人脑中神经递质的重要来源，可增强人的记忆、思维和分析能力。鱼肉还是优质蛋白质和钙质的极佳来源，特别是含有大量的不饱和脂肪酸，对大脑和眼睛的正常发育尤为重要。

2.核桃

核桃因其富含不饱和脂肪酸，被公认为是中国传统的健脑益智食品，希望孩子们一定食用。每日2~3个核桃为宜，持之以恒，方可起到营养大脑、增强记忆、消除脑疲劳等作用。但不能过量食用，过量食用会出现大便干燥、鼻出血等情况。

3.牛奶

是优质蛋白质、核黄素、钾、钙、磷、维生素$B_{12}$、维生素D的极佳来源，这些营养素可为大脑提供所需的多种营养。

## 为你支招

那么，男孩们，坚守责任与信仰，怎样才能做得更好呢？

**1.养成坚持不放弃的习惯**

做任何事，不要半途而废，要持之以恒，尽力而为。三天打鱼两天晒网，什么都做不成。既然身上有一份责任，就学会坚持，不要轻易放弃。

**2.保持集体荣誉感，有责任心**

很多人总有这一种心态“事不关己，高高挂起”，这种行为是不值得提倡的。在班集体中，倘若事事不关心，那么你怎么融入这个集体呢？因此，对于班级活动要积极参与，对于班级取得的成绩要有高度的荣誉感。这样，我们会收获更多的欢乐，责任也会让我们的能力不断提升，做得更好。

**3.心中有梦，为目标而奋斗**

有压力，才有动力；有责任，才有担当。或许男孩们年纪尚小，总觉得肩负责任，会很疲惫。其实，没有这份担当，那么我们怎么可能成长为一名顶天立地的男子汉呢？比如，你想成为一名医生、科学家、翻译……男孩们，路在脚下，梦在远方，只要不断的努力学习，实现目标，那么责任会成为我们更加优秀的助力。

# 勇于承担后果，为自己的人生负责

◎适用写作关键词：承担后果 负责

## 考虑后果，为自己行为负责

琳琳今天3岁了，到了上幼儿园的年纪。开学第一天，琳琳收拾好自己的小书包，穿好衣服，跑到爸爸的面前，爸爸一看马上就想说："哇，琳琳你赶快回去换衣服。怎么穿得乱七八糟的！"原来琳琳不但穿了长裤也穿了裙子，里面衣服的袖子比外套还长，颜色也搭配得很奇怪。这时妈妈比较沉着，她示意爸爸先不要说话，这时琳琳一家看到娃娃车来了，妈妈就让琳琳上学去了。

结果下课回来，琳琳就跟妈妈说："都是你，你害我在学校被大家取笑。"妈妈这时候就趁机跟琳琳说："琳琳啊，妈妈有没有教过你怎么穿衣服呢？有没有说过穿了裙子就不要穿裤子呢？"琳琳点点头，妈妈又说："那你今天怎么让自己穿成这样呢？"经过这样的沟通，琳琳就听进去了。

琳琳的妈妈很厉害，她愿意放手让琳琳自己去犯一次错误，虽然女儿被同学取笑，但妈妈借此来教孩子应该为自己的行为负责；想想看，如果爸爸叫琳琳当场就换掉衣服，那么小琳琳可能到大班还学不会要为自己的行为负责，因为是爸爸叫琳琳去换衣服的，不是她自己了解为什么要换衣服。相信这次经历

会给琳琳很深的印象，也会让她感受“负责”的重要性。

航航今年已经18岁了，最近朋友组织了一个聚会，他是其中被邀请的一员。他问妈妈：“妈妈，我想参加聚会，可以吗？”妈妈本来想直接告诉他可以或不可以，但当下念头一转，妈妈说：“你说呢？你觉得可不可以？”航航愣了一下，开始估算自己的功课还有多少没写，考试会不会受到影响，然后告诉妈妈说：“我可以参加舞会。”接着航航又问妈妈：“那我几点回家？”妈妈本来要脱口而出说十一点前一定要回家，不过妈妈忍了下来，又反问航航：“航航觉得你应该几点回家？”航航又开始估算，聚会结束的时间、要搭谁的车、要先送谁回家，此外如果时间太晚的话，妈妈肯定会担心自己，路上也不安全，自己要有一定的责任感。最后航航跟妈妈说：“妈妈，聚会结束，加上路上的时间，我十一点半之前就可以回家。”妈妈笑笑说：“好，那你就按航航的安排。”这时航航觉得妈妈不太对劲，跟平常不一样，又接着问：“那如果我在约定的时间还不回家呢？”这时母子二人相视而笑，因为他们都知道，儿子会为自己作的决定负责。

以上的案例，是一种较好的教育方式，对于培养孩子的责任心、激励孩子树立责任意识有着重要的意义。男孩们，看完这两个教育的案例，男孩们也要从中汲取营养，不断进步。如果你希望自己未来有责任感，对自己的行为负责的话，那么就要为自己争取机会，去思考、作决定，并勇敢地为自己的决定负责。

**知识窗**

**多吃苹果，好处多多**

苹果有“智慧果”、“记忆果”的美称。人们早就发现，多吃苹果有增进记忆、提高智能的效果。苹果不仅含有丰富的糖、维生素和矿物质等大脑必需的营养素，而且更重要的是富含锌元素。据研究，锌是人体内许多重要酶的组成部分，是促进生长发育的关键元素。锌通过酶广泛参与体内蛋白质、脂肪和糖的代谢。锌还是构成与记忆力息息相关的核酸与蛋白质的必不可少的元素。缺锌可使大脑皮层边缘部海马区发育不良，影响记忆力，实验也证明，减少食物中的锌，幼童的记忆力和学习能力受到严重障碍。锌还与产生抗体、提高人体免疫力等有密切关系。

## 为你支招

那么，男孩们，如果因为自己的原因造成一定的不良后果，我们该怎么做?

**1.勇于承担**

男孩们，我们都是一个个男子汉，如果问题是自己造成的，勇敢地去承认吧。就像列宁小时候把姑妈家花瓶打碎最终跟姑姑坦言的故事那样，是自己造成的后果，就不要去撒谎。比如，有的男孩踢球不小心伤到了人，总是没人敢承认，最终导致问题闹到了学校。其实，如果当时犯错的男孩承认，去为自己的行为负责，或许问题就很快解决了。

**2.总结问题，不断改正自己**

善于总结是一个好的习惯。其实，晚上睡觉的时候，好好回顾一下今天哪里做得不好，自己是否逃避了什么，我应该怎么做才对……这样，也是一个不断提升自己的方式，男孩们要善于总结，才能更加优秀。

**3.懂得弥补**

如果因为自己的行为给集体或者他人造成一定的损失，我们要懂得弥补过失，获取他人的原谅。比如，运动会马上开始了，之前积极报名的你却总是偷懒，不去锻炼，结果在比赛中失败，没有为班级尽力争取荣誉，这就是你的过失了。男孩们如果你尽全力的去付出，那么即使失败了，也是虽败犹荣，班级也会为你喝彩。可是如果你是懒惰，那么你要懂得向班级致歉，争取以后为班级而努力做出更大的贡献。

# 第04章 做个会创新的男孩，培养自己独特的思维

“创新是一个民族进步的灵魂”，可见创新思维的影响之大。勇于创新，转变思维，那么，你得到的将是一个更为广阔的天空。男孩们，学习也当如此。很多时候，我们也许被卡在一个关卡里钻不出来，其实，只要我们善于开动脑筋，或许问题将会迎刃而解。生活中，我们要多去锻炼各种思维能力，培养自己的创造力，让我们前方的道路更为宽广。

# 打破思维定式，体味不一样的收获

◎适用写作关键词：思维定式 惯性思维

## 天才也需要突破思维的障碍

思维定式，也就是所说的“惯性思维”，在一定意义上来说，思维定式是束缚创造性思维的枷锁。生活中，惯性思维对人们的影响比较大。其实，惯性思维在我们生活中的绝大部分表现为习惯。最简单的例子，比如：睡觉，要占用我们人生的1/3时光，这是我们人类的生理习惯。还有上学、读书、工作、交友、休闲等任意领域我们的行为都以习惯性行为为主。当然养成良好的习惯势必会推进我们快速成长的进程，但是不良的习惯也会滞留我们获取健康美满人生的脚步。好习惯是开启成功的一把钥匙，坏习惯则是向失败敞开的门。

拿破仑被流放到圣赫勒拿岛后，他的一位善于谋略的密友通过秘密方式给他捎来一副用象牙和软玉制成的国际象棋。拿破仑爱不释手，从此一个人默默下起了象棋，打发着寂寞痛苦的时光。象棋被摸光滑了，他的生命也走到了尽头。

拿破仑死后，这副象棋经过多次转手拍卖。后来一个拥有者偶然发现，有一枚棋子的底部居然可以打开，里面塞有一张如何逃出圣赫勒拿岛的详细计划！

伯特·卡米洛从来没有失算过。这一天他做表演时，有人上台给他出了

道题：

“一辆载着283名旅客的火车驶进车站，有87人下车，65人上车；下一站又下去49人，上来112人；再下一站又下去37人，上来96人；再再下站又下去74人，上来69人；再再再下一站又下去17人，上来23人……”

那人刚说完，心算大师便不屑地答道：“小儿科！告诉你，火车上一共还有……”

“不，”那人拦住他说，“我是请您算出火车一共停了多少站。”

阿伯特·卡米洛呆住了，这组简单的加减法成了他的“滑铁卢”。

上面的两个故事告诉我们，他们的失败和遗憾终究来自于思维定式上。心算家思考的只是老生常谈的数字，军事家想的只是消遣。他们忽略了数字的“数字”，象棋的“象棋”。男孩们应该明白，在自己的思维定式里打转，天才也走不出死胡同。无数事实证明，伟大的创造、天才的发现，都是从突破思维定式开始的。

## 知识窗

### 脑筋急转弯

（1）阿姆斯壮登陆月球，他说的第一句话是什么？

（2）什么蛋打不烂，煮不熟，更不能吃？

答案：美式英语；考试得的零蛋。

## 为你支招

那么，男孩们，打破思维定势，需要怎么做呢？

**1.善于思考，要有自己的想法**

打破思维定式，一个十分关键的环节，就是培育这样一种意志品质：勇于独立思考，敢于坚持己见。美国学者所罗门·阿希通过调查，得出这样一结论：人类有许多不幸，其中有33%在于错误地遵从别人。因此，男孩们，学习中，唯有不“跟风”，不人云亦云，不盲目从众，自己的创新思维能力才能得到充分的释放和发挥。

**2.更新陈旧观念，解放思想**

“天下乌鸦一般黑啊”“是啊，打小儿我爸爸就这样告诉我啦。”“对呀，课本里也是这样描述的。”事情真是这样吗？可是国内外有许多报刊报道说，在世界不少地方都发现了白乌鸦。这是千真万确的吗？为什么直到现在才发现白乌鸦？究其原因，就在于“爷爷告诉的”“书本上写的”等旧观念束缚了世人的头脑。因此，男孩们，“尽信书则不如无书”，要打破思维定式，就须从怀疑旧观念、发现新事物开始。

**3.多想，多尝试**

其实，我们总是很习惯于依赖以往留下的经验，觉得那是真理，是财富，而忽视了自己的思维。学习中也是如此，在做习题的时候，我们可能会更多的依赖一些总结的方法。其实，自己遇到难题时，自己多去思考一下，多尝试着去钻研一些“另类”方法，或许你就能创造更多的解题思路。

# 发散思维，让创造力改变你的人生

◎适用写作关键词：创造力 创新

## 思维转角，邂逅新点子

创造力是智慧的凝聚与迸发，可以说比知识更重要，因为知识是有限的，而创造力能引导我们发现新的事物，激发我们作出新的努力，探索，去进行创造性劳动。

16岁少年突破思维，挖掘新商机，这就是创造力。

1972年，美国民主党提名麦高文出马和尼克松竞选总统。后来，麦高文决定换掉他的副总统竞选搭档。一个16岁的少年看到了这个毕生的机会，他以5美分一个的价格买下了5000个已经成为废物的“麦高文——伊哥领”竞选名牌和汽车贴纸。随后他再以每个25美元的价格出售这些具有历史纪念意义的纪念物。

这个少年有发掘新商机的头脑，这就是创造性思维。这个少年是谁？他不是别人，正是当今的世界首富比尔·盖茨。

换个角度，发现新的价值，这就是创造力。

便利贴的发明十分的偶然。本来科学家是要研究一种黏性很强的胶，得到的却是黏性较弱的弱胶。

正当大家感到沮丧的时候，3M公司的一个人从这个实验中发现了它真正的价值。很多时候，我们觉得做的事情是徒劳无功的，可是我们换个位置仔细想一下，原来它的身上却是潜藏着巨大的另类价值。

看完上面的两个故事，我们应该明白创造力所具备的无穷力量。男孩们，我们在学习中要学会激发自己的创造力，不要墨守成规，要努力做一个有灵性、思维开阔的少年！

## 知识窗

### 多吃橘子，好处多多

橘子含有大量维生素A、维生素$B_1$和维生素C，属典型的碱性食物，可以消除大量酸性食物对神经系统造成的危害。考试期间适量常吃些橘子，能使人精力充沛。此外，柠檬、广柑、柚子等也有类似功效，可代替橘子。

## 为你支招

那么，男孩们，怎样培养创造性思维呢？

**1.展开幻想的翅膀**

爱因斯坦说过："想象力比知识更重要，因为知识是有限的，而想象力概括着世界的一切，推动着进步，并且是知识进化的源泉。"幻想不仅能引导我们发现新的事物，而且还能激发我们作出新的努力，探索，去进行创造性劳动。

男孩们，你们现在还处于喜欢幻想的阶段，要珍惜自己的这一宝贵财富。幻想是构成创造性想象的准备阶段，今天还在你幻想中的东西，明天就可能出

现在你创造性的构思中。

**2.加强学习的独立性，保持应的好奇心**

“好奇是研究之父，成功之母。”有了好奇心，才会有钻研的欲望，才能不断地去破解问题，从而一步步解除疑惑，取得一个个新的进步。一个善于思考问题的人，他们的头脑会更加灵活，因为他们的思维处于主动状态。所以说，男孩在学习中要懂得不断思考，这是获取新知识的源泉，同时能够不断挖掘自己的潜力，对于保持思维的独立性有着很大的意义。

**3.培养发散思维**

1979年诺贝尔物理学奖金获得者、美国科学家格拉肖说：“涉猎多方面的学问可以开阔思路……对世界或人类社会的事物形象掌握得越多，越有助于抽象思维。”就像是我们在看到木头时，不妨想一下木头的用途有哪些：烧火、做家具、盖房子、做船、做木雕……。男孩们，在学习中解决问题的时候，要多多考虑还有没有别的方法，而不是局限于一个答案，要善于多渠道、多方法去处理。

# 放飞大脑，不断激发自己的想象力

◎适用写作关键词：想象 想象力

## 插上想象的翅膀

2010年诺贝尔奖获名单中最让人们津津乐道的是物理学奖获得者——英国曼彻斯特大学科学家安德烈·海姆和其学生康斯坦丁·诺沃肖洛夫。不仅因为年仅36岁的诺沃肖洛夫在平均年龄50岁的诺贝尔奖获得者中显得出众，更因为他们用“铅笔”和“胶带”获得超薄材料石墨烯的“突破性”方法，再次向我们展示了想象力在科研中的重要作用。

比最好的钢铁硬100倍、比钻石还坚硬的石墨烯是一种从石墨材料中剥离出的单层碳原子材料，其超强硬度、韧性和出色的导电性使得制造超级防弹衣、超轻型火箭、超级计算机不再是科学狂想。但最大的困难在于：如果想投入实际生产，就必须找到一种方式，制造出大片、高质量的石墨烯薄膜。

为此，几十年来，科学家们从未停止过各种方法的萃取或合成试验。直到2004年，海姆和诺沃肖洛夫突破性地创造了撕裂法。他们将石墨分离成小的碎片，从碎片中剥离出较薄的石墨薄片，然后用胶带粘住薄片的两侧，撕开胶带，薄片也随之一分为二，不断重复这一过程，最终得到了只有单层碳原子的石墨烯。这听起来简单得不可思议。

科学的想象力来自于何处？看看海姆所做的其他研究就知道了。在2000年，海姆的另一项发名获得了“搞笑诺贝尔奖”，他用磁性克服重力作用让一只青蛙漂浮在半空中。2003年他设计出一种有着极小绒毛的材料，它模仿壁虎脚上的绒毛，将一平方厘米的这种材料放在垂直平面上，就可以支撑起一公斤的重量，实现“壁虎爬墙”。事实上，撕出薄厚为一个原子的东西并不容易，需要在漫长的时间里进行难以计数的重复试验。但是诺贝尔奖评选委员会形容这对师徒“把科学研究当成快乐的游戏”。

男孩们，爱因斯坦说过“想象力比知识更重要，因为知识是有限的，而想象力概括着世界的一切，推动着进步，并且是知识进化的源泉。严格地说，想象力是科学研究中的实在因素”。希望男孩们能够在一个个诺贝尔奖得主的成功经历中领略科学的真谛，能够在我们的学习中不断激发自己的想象力、创造力，那么我们距离收获和成功也就不远了。

## 知识窗

### 曼彻斯特大学

曼彻斯特大学（The University of Manchester），英国大学中世界排名最高的八大最著名学府之一，最高世界排名为第26名，英国著名的六所“红砖大学”之首，英国“常春藤联盟”罗素大学集团的创始成员之一，始建于1824年，位于英国第二大城市曼彻斯特，是英国最大的单一校址大学。校友中有25位诺贝尔奖得主。现任全职教职员中有3位诺贝尔奖得主，为全英之冠。

## 为你支招

那么，男孩们，怎样激发自己科学的想象力呢？

**1.丰富知识经验**

想象也是需要一定的客观事物作为基础的，并不是胡思乱想或无头绪的空想。因此，我们要想激发自己的想象力，必须要有一定的知识基础，让思想在知识的基础上扎根，这样大脑的思绪才会更加科学。人们常常感叹大发明家爱迪生的想象力之丰富，殊不知爱迪生从小勤奋好学，10岁时就阅读了《美国史》、《罗马兴亡史》、《大英百科全书》，11岁时就阅读了牛顿的一些著作，以后又阅读了诸如电学家法拉第等人的著作。知识是力量，也是获取新知识的基础，爱迪生的成功离不开想象力，他的想象力也正是立足于这些知识基础之上的。科学知识的积累让他萌生很多超乎常人的想法，让他在一次次想象与实验中取得一次次的突破。男孩们，此刻开始，积累知识，为自己的想象与创造做好铺垫吧。

**2.善于进行观察**

多看、多想、多做，这样下来你不想进步都难。男孩从小要培养自己洞察信息的能力，抓住事物之间的关联，捕捉其中的信息点，这样观察的多了，你对事物的认知能力就会更为丰富，立足这一点，你的思维也会更加灵活了。男孩们，学习生活中我们可能有很多好奇的地方，我们要善于观察，从生活实践中去寻找答案。

**3.培养兴趣爱好**

兴趣是最好的老师。在问及有关科学的“艰辛”和“寂寞”时，科学家们总是很洒脱地谈起兴趣和偏好。广泛的兴趣和多方面的爱好可以使你思路开阔，想象也就有了广阔的天地。大千世界是复杂多样且彼此相关的，由于你具有多方面的爱好和广泛的兴趣，可使各种知识互相补充、启发。比如，阅读是一种非常高雅的兴趣。男孩们要从小养成爱读书的习惯，以兴趣为出发点去喜爱阅读，而不是为了考试或某种功利性的目的去强迫自己。

# 转变思路，问题没想象的那么难

◎适用写作关键词：转变思路 创新

## 将脑袋打开1毫米

美国有一家生产牙膏的公司，产品优良，包装精美，深受广大消费者的喜爱，每年的营销额蒸蒸日上。记录显示，前10年，每年的营业额增长率为10%~20%。这令董事会兴奋万分。

不过进入第11年时，营销额则停滞下来，每月维持在同样的数字，董事会对此业绩感到强烈不满，便召开经理级以上的高层会议，商讨对策。

会议中，有名年轻的经理站了起来，对总裁说："我有一张纸条，纸条里有个建议，若您要采用我的建议，必须另付我5万美元。"

总裁听了很生气地说："我每个月都支付给你薪水，另有分红、奖金，现在叫你来开会讨论对策，你还另外要求5万美元，是不是太过分？""总裁先生，请别误会，您支付我的薪水，让我平时卖力为公司工作，但这是一个重大而又有价值的建议，您应该额外支付我奖金。若我的建议行不通，您可以将它丢弃，1分钱也不必支付。但是，您损失的必定不止5万美元。"年轻的经理说。"好，我就看看它为何值这么多钱？"总裁接过那张纸条，阅毕，马上签

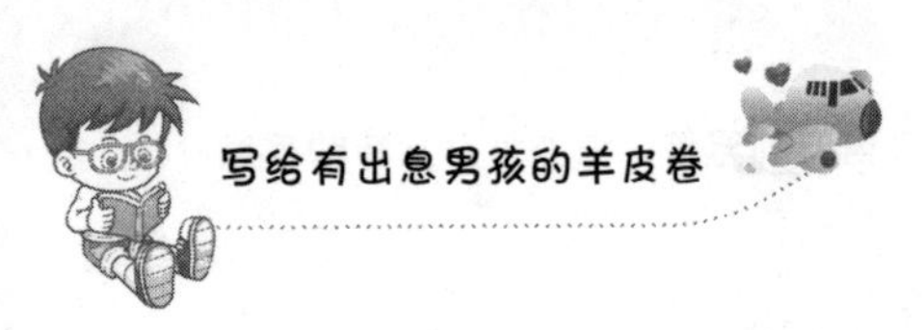


了一张5万美元的支票给那个年轻的经理。那张纸条上只写了一句话："将现在的牙膏开口直径扩大1毫米。"

总裁马上下令更换新的包装，试想，每天早晚，消费者多用直径扩大了1毫米的牙膏，每天牙膏的消费量多出多少倍呢？这个决定，使该公司第14个年头的营业额增加了32%。

上面的故事告诉我们，一个小小的转变，往往会引起意料不到的变化，这就是人们思维的强大。男孩们，我们要学习年轻经理敢于突破常规，多动脑，转变一下你的思想，或许你就会很快从传统的思维中探索出一条新的道路，那么你打开的这"1毫米"的思维将会给你带来不一样的结果！

## 知识窗

**开心一刻：然后小明再一次滚出去了**

小明喜欢读书，也喜欢动脑筋问问题，老师还表扬他，要大家向他学习。一天阅读课，他读到"城市里车水马龙，人流如织……"问老师：啥叫车水马龙？

老师说：车水马龙嘛就是讲车像流水，马像游龙。形容来往车马很多，连续不断……小明突然惊叫道：啊，怎么这样呢？城市里的人排着队去人流啊？！全班愕然。

## 为你支招

那么，男孩们，遇到难题，知道怎样更好的转变思路吗？

### 1.不要钻牛角尖

很多时候，我们处理问题时，总是钻牛角尖，走死胡同，不懂得变换思路，寻求新的方法。其实，男孩们，如果我们换个角度来思考，或许问题就很轻松地解决了。比如在英语写作中，你记不起一个单词的拼写或者一个句子的表达，难道非得这样耗着想破脑袋吗？为何不绕个弯，选择另一种表述呢？

**2.多思考**

多思考，才能更好地转动脑筋，使头脑更加的灵活。遇到问题，不要总是依赖别人或者不管不顾，要提高自己的主动性，多思考。这样积累的方法就会越多，头脑也就更加灵活，遇到问题时，就能更好的开动脑筋、转变思路去处理。

**3.勇于创新**

男孩们，我们在困难面前，要懂得去掌握主动权，而不是被它压制。解决问题的方法有很多，不要仅仅局限于那些约定俗成的知识，要敢于发现、探索、创新，那么你的思路才会更加开阔。

# 逆向思维，让问题更加明朗

◎适用写作关键词：逆向思维 换位思考

## 换个方向，一切将会豁然开朗

生活中的智慧缤纷多彩，而我们就是这些智慧的挖掘者，当其他人都奔赴于一个固定的方向去思考问题时，如果你能够反方向而为之，那你具备的逆向思维能力会给你带来不一样的惊喜。

有一家人决定搬进城里，于是去找房子。全家三口，夫妻两个和一个5岁的孩子。他们跑了一天，直到傍晚，才好不容易看到一张公寓出租的广告。他们赶紧跑去，房子出乎意料的好。于是，就前去敲门询问。这时，温和的房东出来，对这三位客人从上到下地打量了一番。丈夫鼓起勇气问道："这房屋出租吗？"房东遗憾地说："啊，实在对不起，我们公寓不招有孩子的住户。"丈夫和妻子听了，一时不知如何是好，于是，他们默默地走开了。那5岁的孩子，把事情的经过从头至尾都看在眼里。那可爱的心灵在想：真的就没办法了？他又伸出小手，又去敲房东的大门。

这时，丈夫和妻子已走出5米来远，都回头望着。

门开了，房东又出来了。这孩子精神抖擞地说："老爷爷，这个房子我租

了。我没有孩子，我只带来两个大人。”

房东听了之后，高声笑了起来，决定把房子租给他们住。

这个小孩子懂得用逆向思维去思考，改变常规的思考轨迹，用新的角度、新的方式研究和处理问题，终究以他的智慧说服了房东。

茱莉亚是一个具有犹太血统的老人，退休后，在学校附近买了一间简陋的房子。住下的前几个星期还很安静，不久有三个年轻人开始在附近踢垃圾桶闹着玩。老人受不了这些噪声，出去跟年轻人谈判。

“你们玩得真开心。”他说，“我喜欢看你们玩得这样高兴。如果你们每天都来踢垃圾桶，我将每天给你们每人一元钱。”

三个年轻人很高兴，更加卖力地表演“足下功夫”。不料三天后，老人忧愁地说：“通货膨胀减少了我的收入，从明天起，只能给你们每人5角钱了。”

年轻人显得不大开心，但还是接受了老人的条件。他们每天继续去踢垃圾桶。一周后，老人又对他们说：“最近没有收到养老金支票，对不起，每天只能给两角了。”

“两角钱？”一个年轻人脸色发青，“我们才不会为了区区两角钱浪费宝贵的时间在这里表演呢，不干了！”

从此以后，老人又过上了安静的日子。

上面的两个故事，相信男孩们受到了很大的启发。同样一个问题，每个人却有着不一样的处理方面，这就是思维的魔力。文中的小孩只有5岁，他却很好地利用了人的逆向思维能力，敢于打破常规去思考问题，想出了不一样的方法，这就是思维的神奇力量，小孩用智慧让这位房东接纳了他们一家。文中理血气方刚的年轻人，强制性的命令只会让他们变本加厉适得其反，老人利用逆向思维，把面子给足他们，才能将其控制在股掌之中，事情的结果才能向自己的意愿发展。

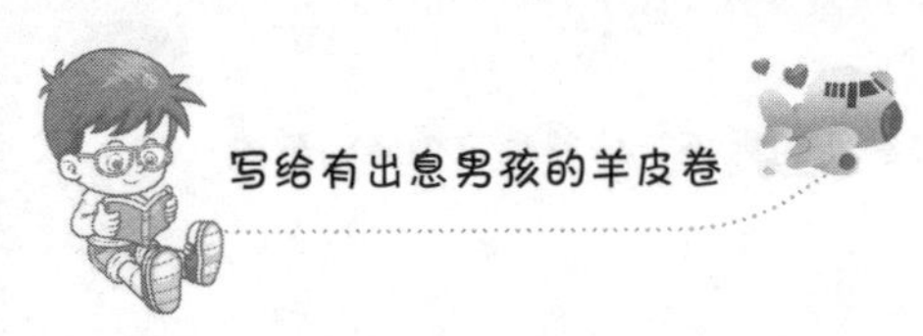

知识窗

**逆向思维巧答题**

小赵，小钱，小孙，小李4人讨论一场足球赛决赛究竟是哪个队夺冠。小赵说：“D对必败，而C队能胜。”小钱说：“A队，C队胜于B队败会同时出现。”小孙说：“A队，B队C队都能胜。”小李说：“A队败，C队，D队胜的局面明显。”他们的话中已说中了哪个队取胜，请问你猜对究竟哪个队夺冠吗？

答案：小赵的话说明 D队败，小钱的话说明 B队败，小孙的话说明 D队败，小李的话说明 A队败。所以呀，C队胜利。

为你支招

那么，男孩们，怎样培养自己的逆向思维处理问题的能力呢？

**1.先要认清逆向思维的本质**

它并不是不受限制地胡思乱想，而是发现问题、分析问题和解决问题的重要手段，有助于克服思维定势的局限性，是决策思维的重要方式。在学校的时候，我们常常是先学规则，再接触实例。那时候，我们举的实例只不过是为了验证规律而存在的。可是如果不知道规律呢？我们有时候也会在解决问题的过程中总是找不出有何规律可循，这时候就需要派出我们的逆向思维上场了，运用逆向思维从现象悟出后面隐藏的规律来。

**2.勤于实践，不断总结**

懂得学习、反思、总结，这才是培养思维的重要途径，也是一个人成长所需要的重要过程。知识来源于生活，我们要多从生活中寻求方法，借鉴别人的经验教训，总结出一些适合自己的好方法。此外可以做一些益智的游戏，读一

些关于思维的书籍，看一些与这种能力有关的案例，自己总结方法，在遇到困难时仔细思考自己知道的方法，从中想出更好的解决方法。

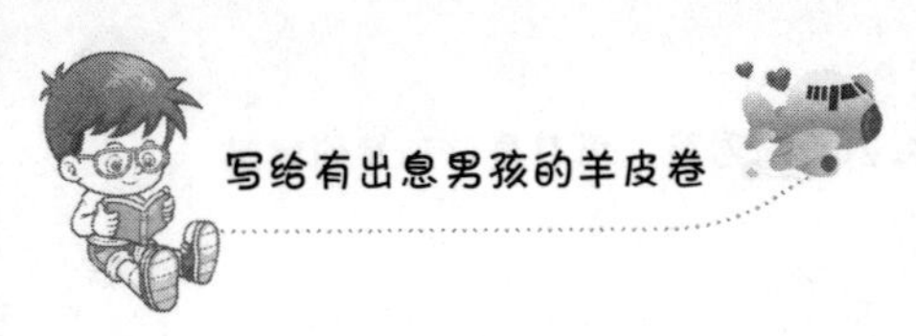


# 不断思考总结，锻炼各种思维能力

◎适用写作关键词：思考 思维

## 善于观察思考，让思维迸出火花

英国著名的物理学家瑞利，从小就热爱生活，善于观察和思考。

一天，瑞利家来了许多客人。瑞利的妈妈沏好了茶，把茶碗放在碟子上，准备端给客人。由于妈妈上了年纪，手脚不太灵便，手颤抖了一下，茶碗在碟子上滑动，茶水洒到了碟子上。瑞利是个懂礼貌的孩子，可是他没有马上去帮助妈妈端茶，而是专心致志地望着妈妈的一举一动。他完全被妈妈手中的碗碟吸引住了，他发现：妈妈起初端来的茶碗很容易在碟子上滑动，可是，在洒过热茶的碟子上，茶碗就不滑动了，尽管妈妈的手更厉害地摇晃着，碟子倾斜得更厉害，茶碗却不再滑动。

“太有趣了，我一定要弄清楚这是为什么！”瑞利非常激动地想。

客人走后，瑞利用茶碗和碟子反复地实验起来。

经过多次实验，瑞利得出了结论：碟子表面有一些油渍，油渍减少了茶碗和碟子之间的摩擦力，所以容易滑动。当洒上热茶后，油渍就溶解了，碗在碟子上就不容易滑动了。

接着，瑞利又进一步研究了油在固体摩擦中的作用，提出了润滑油减小摩擦力的理论。后来，他的理论被广泛地运用到生产和生活中去，在有机器运转的地方，几乎都少不了润滑油。

长大后，瑞利于1904年获得了诺贝尔物理学奖。

上面的故事，我们看出如果一个人能够勤于思考、多多实践，那么这将产生一股催生成功的强大力量。很多成功的思想都是来源于普普通通的生活经验，只不过有些人更懂得从中汲取营养，而有些人从未留意罢了。一个热爱生活的人更是一个懂得观察的人，他们对生活有着敏锐的嗅觉，善于捕捉各种有利信息，并勤于思考，让自己的思维能力逐渐提升，从而创造出更多的价值。

## 知识窗

### 瑞利简介

瑞利，原名约翰·威廉·斯特拉特（John William Strutt），尊称瑞利男爵三世（Third Baron Rayleigh），1842年11月12日出生于英国埃塞克斯郡莫尔登（Malden）的朗弗德林园。他的父亲是第二世男爵约翰·詹姆斯·斯特拉特，母亲叫克拉腊·伊丽莎白·拉图哲，是理查德·维卡斯海军上校的小女儿。瑞利以严谨、广博、精深著称，并善于用简单的设备作实验而能获得十分精确的数据。他是在19世纪末年达到经典物理学巅峰的少数学者之一，在众多学科中都有成果，其中尤以光学中的瑞利散射和瑞利判据、物性学中的气体密度测量几方面影响最为深远。

## 为你支招

那么，男孩们，怎样培养自己的发散思维能力呢？

**1.大胆质疑**

明代哲学家陈献章说过："前辈谓学贵有疑，小疑则小进，大疑则大进。"质疑能力的培养对启发学生的思维发展和创新意识具有重要作用。质疑常常是培养创新思维的突破口。

男孩们，"尽信书不如无书"。书本上的东西，不一定都是全对的。任何一篇文章都有其可推敲之处，我们要大胆怀疑书本，发表独特见解，这是提升创新能力的重要一环。质疑能将机械性记忆变为理解性记忆，我们在其中也能尝到学习、创造的乐趣。

**2.不要迷信权威，学会多向思维**

男孩们，我们相信书本知识，相信自己的老师和家长，但是我们也要保持自己思维的独立性，不要盲目听从。遇到不懂的知识或者有疑问的地方，我们要大胆质疑，不要因与他们一件相左就觉得自己错了，放弃思考。人的思维是强大的，是多方向不断发散的。单向思维大多是低水平的发散，多向思维才是高质量的思维。只有在思维时尽可能多地给自己提一些"假如……"、"否则……"之类的问题，才能强迫自己换另一个角度去思考，想自己或别人未想过的问题。

**3.敢于打破常规，培养创造力**

法国生物学家贝尔纳说过：妨碍学习的最大障碍，并不是未知的东西，而是已知的东西。有一道智力测验题，"用什么方法能使冰最快地变成水？"一般人往往回答要用加热、太阳晒的方法，可是敢于打破常规的人却能回答出，那就是"去掉两点水"，相信很多人会对此叹息，思维的多样性就是这么出乎意料。

# 第05章

# 做有竞争力的男孩，困难面前不怯懦、不退缩

我们是打不倒的男子汉，所以我们在困难面前不屈服、不退缩；我们是不断向上的好孩子，所以我们有一颗不断超越自我的心；我们是充满正义感的好公民，所以我们在竞争中时刻保持健康的心态。男孩们，向上、进取是我们不断追求的目标，我们要懂得不断地完善自己，做一个有竞争力的优质少年！

# 努力向上，拥有良性的竞争观

◎适用写作关键词：进取 竞争

## 良性竞争，让成长更健康

牛群36岁得子，取名牛童，牛童很小的时候，牛群就开始积极引导孩子的好胜心，因为他知道，将来儿子要面对的是一个竞争激烈的社会，给他留下财产，不如让他学会一身本事。

为了培养牛童的好胜心，他把妹妹的孩子接到家里来，两个孩子相差一岁。小哥哥喜欢阅读，作文写得非常好，而牛童不喜欢读书，也不喜欢写作文，但为了不让哥哥笑话自己，牛童也开始抱着书看起来，时间一长也养成了爱读书的好习惯。牛童的数学很好，尤其是计算机更好，为了让两个孩子比赛，牛群特意买了一些扣子，黄色的当金牌，白色的当银牌；同时他还找来两面小旗，一个上面画牛头，一个上面画老鼠，正好是两个孩子的属相。两个孩子比赛计算机，谁赢了谁就拿金牌，挂谁的小旗。在这样的家庭环境下，两个孩子每天都努力地学习，然后一较高下。可喜的是，小哥俩都取得了很大的进步，还在一次全国比赛中获了奖，一人抱回一台计算机。

竞争的目的是什么？竞争是为了彼此互相学习、互相帮助、共同进步，这样的竞争观才是一种良性的竞争观。显然牛童和小哥哥很好地做到了这一点。男孩一定要从中学习他们这种共同进步的竞争观，树立正确的竞争意识，这样才能更加健康茁壮地成长。

我们继续看一下以下几个男孩的行为，看看他们做的是对还是错：

案例一：小明是五年级三班的一名学生，他自己不愿意努力学习，但又想考出好成绩，于是他就和同桌小强串通好，让小强把写好的答案做成小纸条传给自己。

案例二：亮亮平常表现得很出色，但在竞选班长的时候还是失败了，亮亮心里很憋屈，于是找了几个“铁哥们”把他的竞争对手小刚狠狠地“扁”了一顿，亮亮感觉出了一口气，顿时心里平衡了很多。

男孩们，相信上面的两个案例大家都遇到过，但是我们应该明白这样的举动并非是一个男子汉应该有的。男孩应该清楚，竞争是人们以一定的手段，通过一定的方式，与同行或对手彼此较量、相互争胜以达到自己目的的社会活动。竞争已变成现代人的一种生活状态，既然竞争不可避免，男孩就要有一个健康的心理来认识和面对竞争。人人都想成功，有竞争心理是对的，但是要通过正当竞争，将来才会成为真正的男子汉。

## 知识窗

开心一笑：竞争太激烈了

## 为你支招

那么，男孩们，培养良性的竞争观，我们该怎么做呢？

**1.克服自卑心理，培养自己的胆识**

克服自卑是在竞争中取得胜利的保证。男孩们，如果我们遇到困难，深陷困境，我们是自甘堕落还是奋起努力？相信每一个有出息的孩子是不会任命运摆布的。我们不要在挫折中变得自卑，要努力分析问题，寻求解决方法，从失败中获取教训，不断调整竞争目标，寻求更有效的竞争方法，以备下一次竞争中能够扬长避短、趋利避害，取得成功。竞争需要胆识，胆识就是胆量与见识。一个有胆量的人更有一种向上的劲头，他敢于与挫折相抗争到底，有冒险精神；一个有见识的人，他的眼光会更为长远，有着丰富的知识储备，他能够很好地驾驭自己的能力，让自己的竞争优势更加突出。

**2.要学会公平竞争**

在培养自的竞争意识的同时，要提高自己的竞争道德水平。有人以为竞争就是不择手段地战胜对方，以欣赏对方的失败，“置人于死地而后快”。例如，为评上三好学生、优秀干部或加入团组织而请客拉票，为取得老师的信任，打击诽谤他人等。男孩们，我们要明白，竞争应该有利于社会，有利于集体和他人，同学之间的竞争应有利于共同提高。做到竞争不忘是非界线，用竞争促进大家追求更高的目标。

**3.遇胜不骄，遇败不馁**

在竞争活动中，男孩们既可能在竞争中脱颖而出，获得名次，也可能未成功出线，榜上无名。胜利时洋洋得意，失败时垂头丧气都是缺乏良好竞争意识的体现。因此，我们要懂得遇到胜利不要飘飘然，要想到“一山更比一山高”的道理，终点永远在前面，遇到挫折也别以为世界末日到了，告诫自己“胜败乃兵家之常事”，关键是找出失败的原因，确定努力的方向。

# 勇往直前，挣脱怯懦与恐惧的束缚

◎适用写作关键词：勇敢 逃避

## 用自己的双腿，勇敢地走下去

在磨难面前，不去努力与奋进，你永远不知道自己有多优秀、多强大。如果一味地退缩，你还怎么站起来去欣赏前面的风景、笑看昨日的成就？

巴雷尼出生于奥地利维也纳，父亲是一名小职员，终日为生活奔忙。他的6个孩子中，巴雷尼是老大。从幼年起，巴雷尼就饱尝生活拮据的苦。

更为不幸的是，他患上了骨结核，由于得不到很好的治疗，使他的膝关节永远僵硬了，小小年纪便成了残疾。

幼小的巴雷尼无法接收这个现实，但此时，母亲来到巴雷尼的病床前，拉着他的手说："孩子，妈妈相信你是个坚强的男子汉，希望你能用自己的双腿，在人生的道路上勇敢地走下去！好吗？"

听了母亲的话，巴雷尼的心中一下子充满了无比的勇气，他以坚定的眼神告诉母亲，他一定能够战胜自己。

从那天开始，母亲每天都会抽出时间来跟巴雷尼练习走路，做体操，常常累得满头大汗。有一次，母亲得了重感冒，但她仍然下床按计划帮助巴雷尼练习走路。就这样，巴雷尼的病情终于因体育锻炼而控制。母亲的榜样作用，更是深深教育了巴雷尼，他终于经受住了命运给他的严酷打击。他刻苦学习，学习成绩一直在班上名列前茅。最后，以优异的成绩考进了维也纳大学医学院，他决心要成为一代名医，用高超的医术去解救千千万万像他这样的残疾孩子的痛苦。大学毕业后，巴雷尼以全部精力致力于耳科神经学的研究。最终成为了1914年诺贝尔生理学和医学奖获得者。

看完上面的故事，相信男孩们的内心受到了不小的触动。是的，人生需要毅力和勇气来摆脱困难的束缚，这不仅是一个男子汉应有的素质，也是我们每个人生存的基础和动力。巴雷尼尽管身体上有残疾，但他几十年如一日地锻炼，用自己的双腿，在人生的道路上勇敢地走下去，这是很多常人都难以做到的。他有努力不仅让自己的人生充满了丰富的色彩，更为整个人类的医学事业做出了杰出的贡献。

## 知识窗

### 罗伯特·巴雷尼简介

罗伯特·巴雷尼，生于奥地利，1914年诺贝尔生理学和医学奖获得者。巴雷尼是银行职员之子，1900年毕业于维也纳大学，后继续攻读医学。1903年开始在维也纳大学耳科工作。在该校，他找到一些方法去应用内耳控制平衡感觉的知识。他用一些方法研究平衡障碍，例如在眼球运动后，又如用热液体和冷液体分别刺激两侧耳朵的方法。1914年第一次世界大战开始时，巴雷尼为了研究脑损伤而自愿参加奥地利军队。俄国人俘虏了他（这当然不在他的计划之内）。在1915年做俘虏期间，他因对耳的研究工作被授予诺贝尔生理学与医学奖。1916年后，他在乌普萨拉大学任教。

## 为你支招

那么，男孩们，遇到挫折勇往直前，需要具备哪些品质呢？

**1.不断尝试**

“我不行，我不会……”，男孩们，诸如此类的话你说过吗？这就是一种消极逃避的心理，它会严重阻碍我们的前进道路。学习中遇到难题是很正常的事，每个人都有自己薄弱的一面，其实很多困难都是一些“纸老虎”，只要我们不断探索，不断尝试，我们就能够在挫折和失败中变得更加聪明，更加坚强！

**2.增强意志力**

俗话说“有志者事竟成”，其中含有与困难作斗争并且将其克服的意思。有些男孩可能存在些许的坏习惯，比如吸烟、沉迷游戏……这时候男孩们要鼓起勇气去戒除，坚持到底。

**3.心怀信仰**

每个人都有自己的信仰，但是能否付诸行动呢？男孩们，试想一下，如果你什么都不去坚持付出，那怎么能达成你的梦想呢？所以，作为一个有担当的男子汉，我们面对困难无所畏惧，敢于挑战，为心中的那份信仰去努力加油吧！

# 适者生存，有竞争力才能立足

◎适用写作关键词：适者生存 竞争力

## 做一个有竞争力的男孩

孔子到吕梁山游览，那里瀑布几十丈高，水花远溅，鱼类都不能游，却看见一个男人在那里游水。孔子认为他是有痛苦想投水而死，便让学生沿着水流去救他，他却在游了几百步之后出来了，披散着头发，唱着歌，在河堤上漫步。

孔子赶上去问他："刚才我看到你在那里游，以为你是有痛苦要去寻死，便让我的学生沿着水流来救你。你却游出水面，我还以为你是鬼怪呢，请问你到那种深水里去有什么特别的方法么？"他说："没有，我没有方法。我起步于本质，成长于习性，成功于命运。水回旋，我跟着回旋进入水中；水涌出，我跟着涌出于水面。顺从水的活动，不自作主张。这就是我能游水的缘故。"

孔子说："什么叫做起步于本质，成长于习性，成功于命运？"他回答说："我出生于陆地，安于陆地，这便是本质；从小到大都与水为伴，便安于水，这就是习性；不知道为什么却自然能够这样，这是命运。"

春秋战国时期，各国争霸，每一个国家要想生存下来，必先政治修明，武力强大。在此基础上，才有了勾践卧薪尝胆，与民同耕，终于通过十年的努力，使国力超过了吴国，灭夫差称霸。才有了秦国的五羊皮换百里奚，商鞅变法，张仪连横，到了嬴政一统天下。才有了中国以后的辉煌。在这里我们可以看到，竞争推动着人类历史的进步，社会的发展。

男孩们，这几个故事看明白了吗？适者生存，这是人类一切问题的答案。试图让整个世界适应自己，这便是麻烦所在。试图让一切适应自己，这是很幼稚的举动，而且是一种不明智的愚行。要知道，人生许多悲剧都是由于不了解自己及别人的强弱在哪里，以及不知道如何趋避所造成的。适者生存，有竞争力才能更好地在社会上立足。

## 知识窗

### 吕梁山

吕梁山，山西省西部山脉。北北东走向，南北长约400公里。吕梁山中段称关帝山，为一拱形隆起，山体宽大。受放射状水系分割，相对高度超过1000米，主峰海拔2831米。吕梁山北段分为东西平行的两列，东为云中山，西为芦芽山与管涔山，中央静乐盆地。不少山峰超过2700米，为桑乾河与汾河水系的分水岭。吕梁山南段降低到1000～1500米。西南端转为东北东向，称龙门山。

## 为你支招

那么，男孩们，怎样做才能适应时代，成为一个有竞争力的人呢？

**1.不断强化自己**

男孩们，所谓技多不压身，在这个竞争如此激烈的社会里，多学点知识还是很有必要的。在学习科学文化知识的同时，也可以根据自己的兴趣爱好学点其他的东西，懂得多了，能力也会不断加强，这样就不断成为一个多才多艺的小才子。

**2.增强自己的适应能力**

我们不可能永远留在父母的身边，事事依赖父母。所以男孩们，良好的社会适应能力还是很有必要的。比如，很多学生依赖惯了，进入学校生活就显得束手无策，不知道怎么洗衣服，不知道收拾床铺，学习上也没有主动性，这些都是适应能力薄弱的表现。男孩要学会向同学学习，自己的事情自己完成，从小少爷的生活中脱离出来，不断地去适应学校生活。

**3.目光要长远**

现在的学习是以后人生的铺垫阶段，所以男孩要珍惜这段时间，放眼未来。我们现在生活在学校里，似乎还感觉不到进入社会的压力。其实男孩应该把目光放的长远一些，多去了解一下现在的形势，这样才会知道成为一个有竞争力男孩的重要性。男孩要记住，现在的努力是为了让以后的自己面对生活，面对工作，面对人生的时候有更多选择的权利。加油吧，少年！

# 做生活的智者

◎适用写作关键词：智慧 成功 思想

## 成功取决于瞬间的智慧

很多关键时刻，甚至是一瞬间，你的智慧与思考往往会对成功带来很大的影响。

有一家大型企业，需要招收一名开拓性强的业务经理，广告一发出，面试者便蜂拥而至。因为人实在太多，一时应付不过来，公司保安便不准任何人再进去了，应聘者们只好站在门口耐心地等待下一场通知。但其中有一个应聘者却再也等不及了，因为他身上的钱仅仅够维持他一天的生活。于是他径直来到了保安室，要保安向老板通报，他是外地来的一位客户，看中了公司的某种产品，希望能和老板面谈。

就这样，这个人很顺利地见到了老板。交谈过程中，老板似乎漫不经心地问他是如何避开保安进入公司的，他便把自己刚才的一番经过讲述给了老板听。老板听后大为赞赏，立即就录用他为业务部经理，统管公司国内市场的开拓。

事后，老板对他说，是他足够的机智和聪明证明了他能胜任业务经理职位。一个优秀的业务人员，就必须具备“置之死地而后生”的素质，在和别人遭遇相同困难的情况下，尤其需要这样一种独辟蹊径的智慧。

上面的故事，让我们明白在某些关键的时候，成功往往就取决于一瞬间的智慧。男孩们，成功的道路有很多，但也要懂得学会不断地思考，用自己的智慧去找寻技巧。智慧的力量会让成功的道路变得更加容易、更为便捷。

## 知识窗

**名句解析："学而不思则罔，思而不学则殆。"**

这句话为孔子所提倡的一种读书学习方法，指的是一味读书而不思考，就会因为不能深刻理解书本的意义而不能合理有效利用书本的知识，甚至会陷入迷茫。而如果一味空想而不去进行实实在在地学习和钻研，则终究一无所得。告诫我们只有把学习和思考结合起来，才能学到切实有用的知识，否则就会收效甚微。

## 为你支招

那么，男孩们，学习中怎么学思结合，不断增长智慧呢？

**1.培养自己学习的主动性**

积极进取、自立自强是每个少年必备的品质，学习中我们要做一个积极主动的人，而不是事事依赖的人。我们不仅要去努力完成老师交代的任务，还要自己开动脑筋去主动学习新的知识。这样在学习中才能更好地实现学思结合，不断增长自己的智慧。

**2.多请教、多思考**

所谓"三行人，必有我师"，在学校里，老师同学都是自己学习的对象。男孩们，每个人的身上有着闪光点，我们要懂得向他人学习，补充自己的不

足。遇到难题自己要多去思考，经过思考后，必然会产生疑惑，有了疑惑就要马上提出来。在学习中，要敢于提问，很多的学生在课堂上都不敢开口提问，有了问题也只憋在心里，最后考试时遇到这个问题就傻眼了。

**3.多读书，开阔眼界**

书籍是人类进步的阶梯。慢慢的，书读得多了，就会产生一种量变到质变的情况，书读得多了，才能有比较，才能升华。读书很重要，读书可以让我们学到丰富的知识，可以让我们开阔眼界，还可以使人进步。男孩们，我们不仅要学习课本知识，还要多去读一些名著经典，这样才会变得更有智慧、更加博学。

# 竞争中追求合作，各怀鬼胎只会损人害己

◎适用写作关键词：竞争 合作

## 竞争中学会真诚合作

有三只老鼠结伴去偷油喝，可是油缸非常深，油在缸底，它们只能闻到油的香味，根本喝不到油，它们很焦急，最后终于想出了一个很棒的办法，就是一只咬着另一只的尾巴，吊下缸底去喝油。它们取得一致的共识：大家轮流喝油，有福同享谁也不能独自享用。

第一只老鼠最先吊着去喝油，它在缸底想："油只有这么一点点，大家轮流喝多不过瘾，今天算我运气好，不如自己喝个痛快。"夹在中间的第二个老鼠也在想："下面的油没多少，万一让第一只老鼠把油喝光了，我岂不是要喝西北风了吗？我干吗这么辛苦的吊在中间让第一只老鼠独自享受呢？我看还是把它放了，干脆自己跳下去喝个痛快！"第三只老鼠则在上面想："有那么少，等你们两个吃饱喝足，哪里还有我的份，倒不如自己跳下缸里喝个饱。"

于是，第二只老鼠放了第一只老鼠的尾巴，第三只老鼠也迅速放开了第二只老鼠的尾巴，它们争先恐后地跳到缸底，浑身湿透，一副狼狈不堪的样子，加上脚滑缸深，它们再也逃不出油缸。

三只老鼠表面上是在一起合作了，可是它们彼此各怀心腹事，这样的合作宁愿没有的好，只考虑自己，只顾及自己的利益的思维方式，只能是于人于己都不利，想要让自己成为真正的强者，一定要讲究双赢，追求团队合作。

看完上面的故事，相信男孩们会对这三只老鼠的行为感到悲哀。其实，这种行为在现实中又何尝不存在呢？有竞争是正常的事，也是追求进步的一种方式。可是竞争不是打败所有的人，竞争有着积极的一面，那就是懂得合作。男孩们，我们要学会在竞争中合作，互利共赢，取得更大的进步。不要像三只老鼠一样，各怀鬼胎，损人害己。

## 知识窗

### 名言警句：竞争与合作

1. 修剪的树木，生长得又直又高；齐心的人们，团结得又牢又固。

2. 百根柳条能扎笤帚，五个指头能握拳头。

3. 三人省力，四人更轻松，众人团结紧，百事能成功。

4. 离群孤雁飞不远，一个人活力气短。风大就凉，人多就强。

5. 一个人的智慧不够用，两个人的智慧用不完。

## 为你支招

那么，男孩们，同学之间怎样合作才能达到互利共赢呢？

**1.处理好同学关系**

同学之间要学会相互包容、理解、相互关心、会和朋友换位思考、要无私的在别人需要帮助的时候帮助别人！并且友谊是双方都付出才能促成的哦！男孩们，同学之间的团结友爱是互帮互助、合作学习的情感基础，因此，我们要学会做一个受同学欢迎的好少年。

**2.树立共同的奋斗目标**

男孩们，现阶段你们的主要任务还是努力学习，因此同学之间有着共同的奋斗目标。其实，一起努力比一个人孤军奋战更有动力，互帮互助，互相追赶，一起监督着前进，这样学习才会更为充实与持久。

**3.找准彼此不足，共同进步**

我们身上都存在着或多或少的缺点，或许有时候我们总是难以察觉，这时候我们的搭档就是纠正我们不足的引导者。男孩们，同学之间要互相学习彼此的长处，改善自己的不足。对于对方的不足，我们也要伸出援助之手，互相纠正，共同进步，这样才是更好的合作精神。

# 摆正心态，在竞争中不断完善自己

◎适用写作关键词：竞争　提升　完善

## 找准差距，在竞争中不断提升

转眼间又是一个新的学年，读初二的李明下决心要将自己的学习成绩提升到班里前四名。他妈妈问他："现在班里的前四名同学就是你的竞争对手，要想赶上或超过竞争对手，你就得了解竞争对手，虚心向竞争对手学习。你们班前四名同学都是谁，你知道吗？"他说："我知道，是李阳、王晨晨、刘晓宇、张志飞。"妈妈又问："张志飞与你相比有哪些优点？"他说："张志飞非常爱好学习，学习很主动，很刻苦。课堂上勇于举手发言，自己弄不懂的问题就虚心向老师和同学请教。"妈妈又问："刘晓宇和你相比有哪些优点？"李明说："刘晓宇课堂听讲精力非常集中，对知识不死记硬背，能举一反三。"妈妈又问："王晨晨与你相比有哪些优点？"李明说："王晨晨非常珍惜时间，也很有毅力，对疑难问题从不放过，直到钻研明白、弄懂弄通为止。还有，王晨晨总是按时完成作业，还喜欢看课外读物。"妈妈接着又问："李阳与你相比有哪些优点？"李明如数家珍都作了具体回答。最后妈妈说："明明，现在你知道应该怎么做了吧？记住，知己知彼，心里才能有底；学人之长，才胜利有望。”李明顿时恍然大悟，信心十足地说：“妈妈，我明白了。你等着瞧吧，明明会用成绩向你证明自己的！”妈妈充满希望地看着儿子说：“妈妈相信明明，我相信你能成功。”

在妈妈的启发和帮助下，李明看到了竞争对手的优势，找出了自己存在的差距，下气力比他们学得更好，更刻苦。他的自身潜能得到了充分发掘，学习成绩提高很快，期末考试一跃名列全班前茅。

看完上面的故事，相信男孩们受到了很大的启发。是的，向竞争对手学习，不仅是方法的问题，还是视野的问题、思想的问题、境界的问题。一个明智的人对于他人的优点不会产生嫉妒心理，他们更多的是花时间去钻研对手的长处，不断学习，融合成自己的东西，然后逐步突破他人，此外他们更懂得互相合作，融合彼此优点，把彼此的能力发挥到更大，这不仅收获知识，也收获友谊，可以说是双丰收。中小学孩子心智还不是非常成熟，好胜心过强，所以说极易因为对方比自己优秀而产生不良心理，这种心理是要坚决杜绝的，希望男孩不要在此迷失了自己。

开心一笑：教书

三年级班上有一个聪明伶俐的学生，但是要他静下来听课却很费劲。

有一天他对老师说：“我懂的东西够多了，没有必要继续读书了。”

老师：“噢，真的？你只读到三年级，打算做什么？”

学生：“教二年级。”

## 为你支招

那么，男孩们，怎样才能在竞争中不断完善自己呢？

**1.树立正确的竞争观念和自信意识**

男孩们，我们要摆正心态，树立正确的竞争观念，要明白竞争只是为了提升学习，而不要为了竞争而竞争。要勇敢地面对竞争，竞争能够带来机遇和挑战，竞争能够使人居安思危。竞争要有自信，没有自信的竞争是苍白无力的。保持信心对于竞争的成功有着很大的关联，它能对手压力，给自己动力，给人带来一种劲头十足的感觉。在任何时候都要坚定自己的信念，使自己充满信心。

**2.正确认识自我，与自己竞争**

人们常说“最大的敌人是自己”，其实这句话是很有道理的。你只知道超越他人，可是你是否超越了自己呢？遇到问题就退缩，那么你自己都过不了自己这一关，还如何与他人较高下呢？所以说我们要正确认识自己，找出自己的优缺点，好的继续发扬，不好的不断改善，这样才能突破自我，超越自我。

**3.同学之间要互相比拼**

在学校，我们接触最多的就是同学，我们要与同学树立一种“赶、学、帮、超”的关系，相互竞争，互相学习，共同进步，形成一种积极向上的竞争观念。当别人取得成绩的时候，在祝贺的同时，要奋力追赶，不要嫉妒别人，摆正心态，养成一种积极向上的精神，从而提高成绩。

# 第06章

# 做自立自强的男孩，成长为一棵不惧风雨的大树

男儿当自强，方能筑梦远方。对于每个男孩子来说，无论是成长还是成熟，都需要自立自强。我们不可能做一直依偎在父母身边的小鸟，总要自己去面对前方的风雨，迎接人生的挑战。男孩们，摆脱你的依赖心理，让自己不断成长，成为一个自强不息的男子汉吧！

# 学会独立，摆脱依赖心理的束缚

◎适用写作关键词：依赖 独立 自立 自强

## 有“台阶”，我们自己来爬

有这样一个小男孩，在他刚满一周岁的时候，他的妈妈牵着他稚嫩的小手出去玩耍，他们来到了公园的一个广场上，走着走着走到了一个有十几个阶梯的台阶面前了。这时候出乎意料的是小男孩竟然放开妈妈的手自己去爬台阶。他用胖胖的小手向上爬，他的妈妈也没有抱他上去的意思。当爬上两个台阶时，他就感到台阶很高，回头瞅一眼妈妈，妈妈没有伸手去扶他的意思，只是眼睛里充满了慈爱和鼓励。他似乎读懂了妈妈的意思，不再想着要妈妈抱着他，而是坚定信念一步步小心翼翼的继续爬。他爬得很吃力，小屁股抬得老高，小脸蛋也累得通红，那身娃娃服也被弄得都是土，小手也脏乎乎的，但他最终爬上去了。年轻的妈妈这才上前拍拍儿子身上的土，在那通红的小脸蛋上亲了一口。

或许大家好奇这个男孩是谁，他就是美国第16届总统林肯。他的母亲便是南希·汉克斯。

从小林肯的家境就非常贫困，他的爸爸是一个穷苦农民，收入低微。对

于他们来说温饱都是问题，更不用提接受良好的教育了。林肯断断续续地接受正规教育的时间，加起来还不足1年。但林肯从小就养成了热爱知识、追求学问、善良正直和不畏艰难的好品质。林肯没有钱买学习工具，但是这样也阻挡不了自己对学习的热爱，他用木炭做笔，用小木板做纸，用这两样工具来练习写字。他抓紧一切时间看书学习，练习讲演。林肯失业过，做过工人，当过律师。他从29岁起，开始竞选议员和总统，前后尝试过11次，失败过9次。在他51岁那年，他终于问鼎白宫，并取得了辉煌的业绩。母亲南希在林肯9岁那年不幸病故。但毫无疑问，她用坚强而伟大的母爱抚养了林肯，使他勇敢而坚定地走向未来。

男孩们，人生的困难就像是这一层层的阶梯，我们必须要自己去攀登，因为我们不可能永远依靠他人抱着自己，从小养成依赖心理，那么离开了家你还能做什么呢？不经风雨，不见世面，你就很难立足于社会。所以说，我们要从一点一滴的小事做起，不断磨练自己。不要总想着饭来张口，衣来伸手，上学接送，晚上陪读，甚至考上大学父母还要跟着做“保姆”。大学毕业后找工作，又得父母跑单位，当“职介”……这样，男孩是很难自立成人大有作为的。

男孩们，依赖是一种毒药，会毁了自己的一生，我们不妨学着吃点苦，用点心，遇到“台阶”的时候，大胆地说一句“我能够自己爬上去”。这样，你才能有着向上的力量，攀上光辉的顶点。

看完上面林肯的故事及生活中的一些实例，男孩们自己也应该获得启示，凡事要靠自己，形成独立的性格。只有摆脱对他人的依赖，在磨砺中不断前进，这样才能真正成长成一个顶天立地的男子汉。

## 知识窗

**缓解疲劳课间小游戏：小猴子捞月亮**

大家拉手成水井，选一个进圈做“小月亮”，另选其他两位同学做“小猴子”，然后活动开始后，“小猴子”要伸手抓里面的“小月亮”，“小月亮”要努力不被“小猴子”抓到，“小月亮”的活动范围就是小圈内。“小猴子”可以伸手去抓。被抓住的“小月亮”要表演节目，然后另选一个新的“小月亮”出来继续玩。

## 为你支招

那么，男孩们，该怎样摆脱依赖，独立自强呢？

**1.直视依赖心理的危害**

男孩们，我们要学会纠正平时养成的依赖习惯，学会自己动手，不要什么事情都指望别人，面临困难要自己勇于做出选择和判断，加强自主性和创造性。

**2.养成处理问题的独立性**

依赖性是懒惰的附庸，而要克服依赖性，就得在多种场合提倡自己的事情自己做。因此，生活中，你再也不要让家长当你的贴身丫鬟了，也不要让家长帮你安排所有事。比如，独立地解一道数学题，独立准备一段演讲词，独立地与别人打交道等。

**3.不断增强自控能力**

对自主意识强的事件，以后遇到同类情况应坚持做。对自主意识中等的事件，应提出改进方法，并在以后的行动中逐步实施。对自主意识较差的事件，可以通过采取提高自我控制能力来提高自主意识。

# 做自己生命的主宰，敢与命运相抗争

◎适用写作关键词：抗争 命运

## 强者，不会向命运低头

贝多芬出身贫寒，其父是歌剧演员，粗鲁酗酒，母亲是女仆。贝多芬小时候生活困苦，常受到父亲的打骂。他11岁加入戏院乐队，13岁当大风琴手，17岁丧母，独自一人承担了两个兄弟的教育责任。

1792年11月贝多芬离开故乡波恩到音乐之都维也纳，不久痛苦接踵而至，从1796年始，他耳朵日夜作响，听觉逐渐衰退。1801年，他爱上少女朱丽埃塔，但因他的耳聋及她的虚荣心，两年后她嫁给了一个伯爵。肉体与精神的双重折磨，激使他写出了《幻想奏鸣曲》、《克莱采奏鸣曲》等不朽作品。席卷欧洲反抗专制暴虐的革命风暴也波及维也纳，随即他谱写出伟大的杰作《英雄交响曲》和《热情奏鸣曲》。

1806年5月贝多芬与布伦瑞克小姐订婚，甜美的爱情催生了一系列的光辉作品。可爱情再一次把他遗弃，未婚妻和别人结了婚。然而，这时他正处于创作的极盛时期，蔑视一切艰难困苦，创作了《莱奥诺拉》、《科里奥兰》序曲，《第四、第五、第六交响曲》、《第四、第六钢琴协奏曲》、《D大调小提琴协奏曲》等精妙绝伦的乐曲，受到世人的瞩目。与成就相伴而至的是最悲惨的时期：经济拮据，亲朋好友一个个死亡离散，耳朵也已全聋，和大家交流只能在纸上进行。苦难并没有使贝多芬屈服，他以顽强的毅力及求实创新的风格扭转了维也纳当时轻浮的风气。

在贝多芬生命的晚期，竟然又为全人类谱创出了不朽的杰作《d小调第九交响曲》。

1827年3月26日，贝多芬在这个风雪交加的日子告别了人间。

1915年度诺贝尔文学奖获得者，法国作家罗曼·罗兰在《贝多芬传》中，记述了受病痛折磨与世态困扰的乐圣，他靠对人类的爱和信心，创作出“用痛苦换来欢乐”的音乐杰作。罗兰说：“我称为英雄的，并非以思想或强力称雄的人；而只是靠心灵而伟大的人。”

这个故事相信给男孩们带来了很大的启发。面对如此伟大的传奇人物，我们的心中往往会充满无限感慨。他的身心遭受悲惨命运的折磨，他面对的是怀着敌意的城市维也纳，音乐受欢呼，困难却无人问津。这就是贝多芬的悲惨人生，虽然贝多芬失聪，但他仍然没有放弃对音乐的追求，对命运的抗争。这就是强者，从不向命运低头！

## 知识窗

### 贝多芬作品介绍

贝多芬的九部交响曲占首要地位。代表作有降E大调第3交响曲《英雄》、c小调第5交响曲《命运》、F大调第6交响曲《田园》、A大调第7交响曲、d小调第9交响曲《合唱》（《欢乐颂》主旋律）、序曲《爱格蒙特》、《莱奥诺拉》、升c小调第14钢琴奏鸣曲《月光》、F大调第5钢琴奏鸣曲《春天》、F大调第2号浪漫曲。他集古典音乐的大成，同时开辟了浪漫时期音乐的道路，对世界音乐发展有着举足轻重的作用。

## 为你支招

那么，男孩们，怎样做一个不向命运低头的生活强者呢？

**1.用理想信念支撑自己**

个人精神的支柱、奋斗的动力、前进的坐标和命运的舵手。理想信念，是攻坚破难的动力，是战胜困难的法宝，是完成任务的保障。男孩们，只要我们树立强大的信念，不断奋斗，不管遇到多大的困难，一定会扼住命运的咽喉。

**2.要锻炼自己的勇气**

勇气是一种生活态度，是处理问题时的一种能力、智慧。男孩们，我们要做一名勇者，遇到事情，不害怕，不退缩。

**3.知识改变命运**

男孩们，我们要向书本学习，向实践学习，向他人学习。书本知识是实践经验的总结，理论成果的升华，要以刻苦的精神、诚实的态度，认真读原著、静心读名著。读书虽是学习，使用更是学习，只有坚持向实践学习，才能深化认识、提高能力。因此，要坚持学以致用，用学习的成果来破解难题。

# 靠自己，做一个自强不息的男子汉

◎适用写作关键词：自强 自立

## 自强奋进，成就自我

一个顶天立地的男子汉，唯一可以依赖的只有自己。自强不息，奋勇前进，是成长的标尺，只有这样，我们才能更好地实现自我，突破自我。

华罗庚家境贫穷，决心努力学习。上中学时，在一次数学课上，老师给同学们出了一道著名的难题，华罗庚正确地回答出来，使老师惊喜不已，并得到老师的表扬。从此，他喜欢上了数学。华罗庚上完初中一年级后，因家境贫困而失学了，只好替父母站柜台，但他仍然坚持自学数学。经过自己不懈的努力，终于成为我国杰出数学家。

任伯年，清朝后期著名画家，上海人。他能成为一个大画家，完全是靠他幼年刻苦勤奋得来。任伯年的父亲也是一位画家，在父亲影响下，他从两三岁开始读书时，就喜欢看父亲作画。12岁时，父亲不幸过世，家道中落，任伯年因此也失学了，到一家扇子店当学徒，一天干活下来很累，但不管多累，他每天仍坚持画上几笔。没有钱买纸，他就用废纸作画。店中老板知道后，看他的画也的确不凡，让他专门为扇面作画。从此，任伯年学有所用，画画的积极性更高了。最后终于成了一位著名画家。

上面的几个故事主要讲述了几位名人自强不息，靠自己成就未来的事迹，相信男孩们深受启发。他们身上有着共同之处，那就是坚强的意志和自立自强的品质。男孩们自己也应该明白养成独立的性格，以他们为榜样，从而在学业上取得更大的成就。

## 知识窗

### 华罗庚简介

华罗庚（1910—1985），出生于江苏常州金坛区，祖籍江苏丹阳。世界著名数学家，中国科学院院士，美国国家科学院外籍院士，第三世界科学院院士，联邦德国巴伐利亚科学院院士。中国第一至第六届全国人大常委会委员。

他是中国解析数论、矩阵几何学、典型群、自守函数论与多元复变函数论等多方面研究的创始人和开拓者，也是中国在世界上最有影响力的数学家之一，被列为芝加哥科学技术博物馆中当今世界88位数学伟人之一。国际上以华氏命名的数学科研成果有“华氏定理”、“华氏不等式”、“华—王方法”等。

## 为你支招

那么，男孩们，怎样发挥自己的潜能，不断突破自我呢？

### 1.正确认识自己

全面认识自己，我们既要认识自己的外在形象，如外貌、衣着、举止、风度、谈吐，又要认识自己的内在素质，如学识、心理、道德、能力等。一个人的美应是外在的美与内在的美的和谐统一，内在的美对外在的美起促进作用。全面认识自己，我们既要看到自己的优点和长处，又要看到自己的缺点。

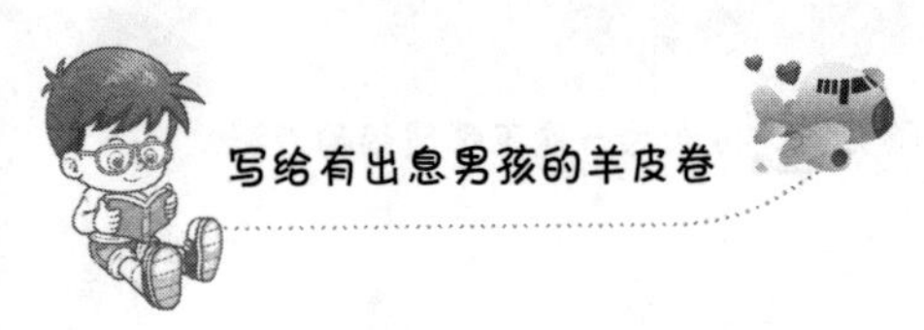


**2.培养良好的心理品质**

心理品质包括道德品质、意志品质、自信心、责任心等。有一位心理学工作者对1850~1950年的301位科学家进行研究，发现这些人不但智力水平高，而且在青少年时期就表现得十分坚强，有独立性，这些人充满自信心，有百折不挠的坚持精神。可见，培养良好的心理品质对开发人的学习潜能作用重大。

**3.学会学习**

有人说过："未来的文盲不是不识字的人，而是没有学会学习的人。"学会学习可以使人更有效地发挥出自己的学习潜能。学会学习包括全脑学习、全身心学习、科学地学习、创新学习等。

# 坚强独立，让你赢得世界

◎适用写作关键词：独立 自立

## 最好的礼物

美国著名喜剧演员戴维·布瑞纳中学毕业时，向父亲求助，希望父亲能在经济上给自己一些支持，并且能给自己的人生之路做一些指点。父亲沉思了良久，给了他一枚闪亮的一美元硬币，他不知道父亲葫芦里卖的什么药。正在他对此感到疑惑时，父亲说："用这枚硬币买一张报纸，一字不漏地读一遍，然后翻到广告栏，自己找一个工作，到世界上去闯一闯。"

后来，戴维·布瑞纳经过艰苦奋斗取得了成功，成为了美国家喻户晓的喜剧明星。当他回首往事时，他认为父亲的那枚硬币是世界上"最好的礼物"，"父亲给予我的不是一枚硬币，而是整个世界。"

可惜的是现在有许多做父母的不懂这个道理。

据报载，某一位暴富起来的家长，将5万元人民币划入他那还在读初一的独生子的账上， 造就了一个小"款爷"。于是，这孩子上学路上雇同学代背书包，作业也雇成绩好的同学代做。结果在学校占了两个第一：存款第一，学习成绩倒数第一。

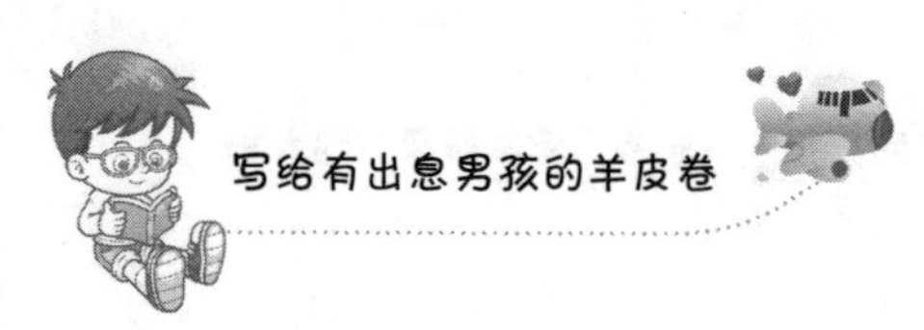


古代有言“父母之爱子，则为之计深远”，而这真正的“计深远”，乃培养其独立的真本领。林则徐也说过：“子孙若如我，留钱作什么？贤而多财则损其志；子孙不如我，留钱作什么？愚而多财，益增其过。”这确实值得世人深思。

上面的故事和案例相信给男孩们带来了很大的启发。或许你认为戴维·布瑞纳的父亲过于狠心，但是我们要知道，舒适的环境造就不出时代的伟人。我们每一个人都要具备一种独立的精神，做一只翱翔天空的雄鹰。

## 知识窗

### 一代喜剧大师卓别林

查理·卓别林（Charles Chaplin），1889年4月16日出生于英国伦敦，英国影视演员、导演、编剧。

查理·卓别林的第一部电影是《谋生》。从1915年开始卓别林开始自编自导自演，甚至还担任制片和剪辑。稍后他加入了埃斯安尼公司，并于1917年出品了《移民者》和《安乐街》，1918年他和他的兄弟在洛杉矶开了自己的公司，并在1919年召集到了道格拉斯·费尔班克斯等人。但直到1923年，卓别林才为这个公司拍了第一部影片《巴黎的女人》。之后1925年的《淘金者》和1927年的《大马戏团》为卓别林赢得了学院奖。

1931年因为《城市之光》的首映卓别林来到伦敦，转年才返回，他的下一部影片是1936年的《摩登时代》。四年之后他拍摄了《大独裁者》。1949年，他的有声电影《舞台生涯》上映，同年他被卷入麦卡锡主义的迫害中。因不满不公正待遇，他移居瑞士。1967年他拍摄了最后一部影片《香港女伯爵》，1977年受勋，1977年圣诞节于瑞士家中去世。享年88岁。

## 为你支招

那么，男孩们，在我们的生活中，培养自立的能力有哪些方法和技巧吗？

**1.学着做一些家务劳动**

主动承担家务劳动对于锻炼自己的动手能力及自立能力有很多帮助，要多去帮着父母家务，这样才能学会照顾自己。男孩最容易接触的就是家务劳动，比如扫地、洗衣……在做家务的过程中手脑并用，不但会促进大脑发育，激发求知欲，同时，还能使男孩学会独立思考及解决问题，这些都是自立必备的能力之一。

**2.多多加入一些社交活动**

积极参加社交活动，比如夏令营、旅游、运动、串亲戚等，可以很大程度上提高男孩的自理能力。通过与他人的沟通、协作、交流，可以提高男孩的交际能力，开阔男孩的视野。

**3.给自己一个奖励**

及时奖励自己可以培养男孩的自立能力，比如，每天自己收拾床铺，洗衣服，如果能这样坚持一周，可以奖励自己一些小礼物，如图书、画笔、玩具枪、望远镜等。有奖励，做起事情来会更有动力。

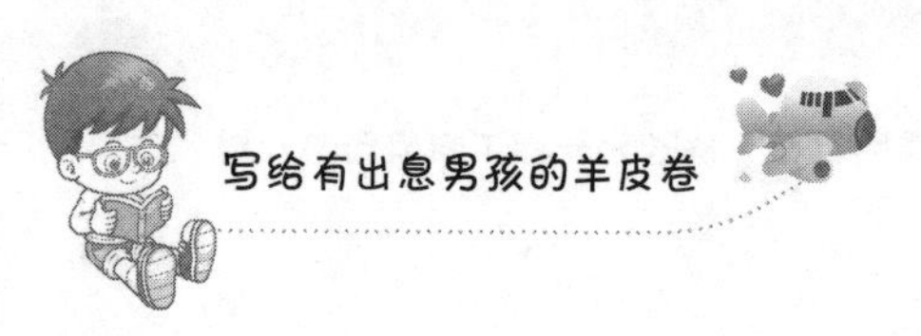



# 学会质疑，成功需要独立思考

◎适用写作关键词：质疑 独立思考

## 开动脑筋，做一个思考者

汤姆逊从小就是一个读书迷，他的父亲经营书店，这使他从小和书本结下了不解之缘。小汤姆逊非常聪明，喜欢看书，并常常向父亲提一些问题。又一次，他看到一些小朋友在玩吹肥皂泡，就问父亲，为什么肥皂泡上有漂亮的色彩呢？这个问题，他的父亲也不知道怎么回答。

汤姆逊特别喜欢自然科学，由于看书多，所以知识面很广。他在念中学的时候，出了老师讲授的知识外，其他的凡是能看到的火速，他都喜欢看，并常常做读书笔记。他在学习上的一个最大的特点就是善于提出一些问题，对书本上的知识从不迷信。当时，学校的一些老师都害怕他提问题，因为很多问题老师也是答不出来的。但是他们都非常喜欢这个爱提问题的学生，他不仅学习出色，而且很尊敬老师。

年仅14岁的汤姆逊进入了欧文斯学院，即后来的曼彻斯特大学学习，主攻数学和物理学。在大学学习期间，汤姆逊一直非常出色。它不仅聪明，而且非常勤奋，总是不知疲倦地探索，节假日也很少休息，常常到图书馆看书。1876

年为了更好地深造，他考入了英国著名的剑桥大学三一学院攻读数学。毕业后，他留校任教并从事科学研究。

1884年，当瑞利爵士从剑桥的卡文迪许实验室退休后，年仅27岁的汤姆逊因工作出色而接任了该实验室主任教授的职位。他领导的这个实验室工作长达34年之久，这个实验室也逐步成为了全世界现代物理研究的一个中心，并培育出了很多杰出的人才，其中仅诺贝尔物理学奖金获得者就有威尔逊、阿斯顿、布拉格等25人。

男孩们，人生离不开书本，这是毋庸置疑的。因为我们学习的很大一部分的知识都是来源于书本。“尽信书则不如无书”，我们要多读书，但是不能迷信书本的知识，要多多思考。因为事实证明，多数人的成功最终运用的还是自己的大脑。

## 知识窗

### 脑筋急转弯

（1）两对父子去买帽子，为什么只买了三顶？

（2）研研14岁生日的晚上，庆祝宴上点了15支蜡烛。为什么？

（3）教师给学生们布置写作文，题目是假如我是一位经理。绝大部分学生马上埋头写作，唯有一位男生背着手，靠在椅子上，无动于衷。老师问他为什么不写，他给了一个令其哭笑不得的回答。

答案：（1）三代人。（2）那晚停电，有一只是照明蜡烛。（3）我在等秘书。

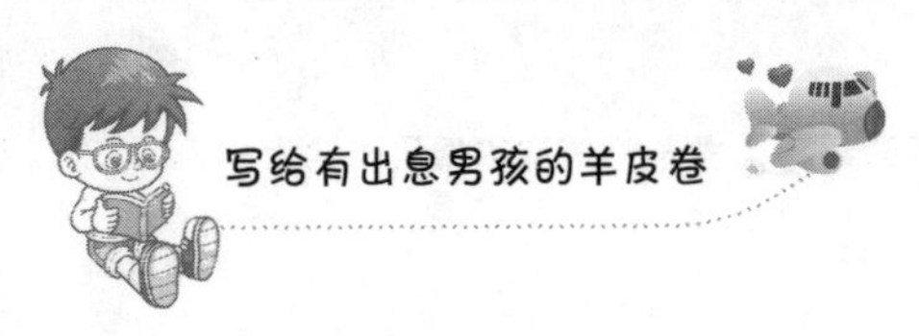

## 为你支招

那么，男孩们，在我们的生活中，知道怎么培养独立思考的能力吗？

**1.不要总是依靠习惯性思想**

在问题面前，不要总是找人帮忙，这样会极大地限制你自己的潜能。男孩们，试着自己多去动动脑筋解决问题。只有独立思考，才会有新的发现，才能有所创新，更好的锻炼自己的思维。

**2.随机化你的生活圈**

不要总去相同的场所，吃相同的食物，与相同的人谈天，积极地追寻新的经历吧。许多人习惯了这种简单的决定，因为这样可以带来安全感，但如果你想独立思考，就需要跳出你所习惯的圈子。

**3.多尝试质疑**

男孩们，尝试培养质疑习惯性观点的习惯，让它成为你们的本能。再微小的独立思考的进步，也会增加你对新思想的认识。相比于那些不会思考的人，你将看到别人所忽视的机会与方法，获得相当有竞争力的优势。

# 第07章

# 心的宽度决定风度，男孩用气度赢得尊重

“海纳百川，有容乃大；壁立千仞，无欲则刚。”这是一种气度、一种情怀。博大的胸怀对人的一生，特别是心智等各方面处于成长阶段的青少年来说有着极大的益处。活着，没有必要事事认真，斤斤计较。宽容了别人，等于善待了自己。宽容使自己的生活变得轻松，快乐。少年们，让我们学会用宽广的心拥抱明天，赢得尊重，成就未来吧！

# 胸怀宽广，你的世界才会更加宽阔

◎适用写作关键词：胸怀 心胸

## 心系他人，散播温暖

胸怀宽广，可容万物。在教育方面，曾有一个例子给人们带来了很大的启发，那就是一位母亲如何教育孩子心怀他人、心怀天下。

小主人公鲍勃自小成绩优异，表现出色，长大后顺利考进了大学。在学校生活的日子里，他一直都是受同学喜欢、尊敬的好学生。在同学看来，他从不以“佼佼者”自居，而是为人诚恳、谦逊，总是热情的照顾帮助每一个同学。有一天，朋友们去他家做客，有人发现了他桌子上的座右铭，上面写着“我第三”，这三个字激起了朋友强烈的好奇心。在朋友的再三追问下，鲍勃告诉大家，这是妈妈给他的嘱托与教诲，妈妈曾教育鲍勃“什么时候都不要忘记，上帝第一，别人第二，你永远只是第三”。他把它放在这个显眼的位置，希望这三个字能够时刻提醒自己。

当今的独生子女在每一个家庭里大都享有无上的“特权”，有父母、爷爷奶奶、外公外婆三对夫妻的精心照顾，大家都围绕着这个中心转，所以大多数的独生子女大都以自我为中心，很少去想他人、考虑自己之外的事情。当这一代孩子成人走向社会之后，又有多少人能够以健康的体魄和健全的心智融入社会、建设国家呢？！

看完小鲍勃的故事，男孩们是否觉得你的心理、行为应该有所改变呢？你的胸怀越宽广，你学习的道路才会越发宽阔。心中有他人、有祖国，装下除了自己以外的更多的东西，宽阔自己的心胸、完善自己的心智、健全自己的体魄，才能成为国家需要的新时代的接班人。

## 知识窗

### 这些励志的座右铭你知道吗？

（1）如果用平常的心态来看待世界，世界就不会有那么多看不惯的事，也就不会有本不该受到的伤害。

（2）若不给自己设限，则人生中就没有限制你发挥的藩篱。

（3）世界会向那些有目标和远见的人让路。

## 为你支招

那么，男孩们，成为一个胸怀宽广，受人爱戴的人，知道怎么去做吗？

**1.拥有宽广的胸怀，要学会沉得住气**

一般来说，心胸狭窄的人都是由于有潜意识的自卑心理和缺乏自信心所导致的，那你的关键问题就是调整自己的心态，增强自己的自信心，克服自卑心，只要你能做到这些，你的心胸就会开阔起来的。学习中，很多男孩子面临挫折不知所措，其实当你遇到挫折的时候，应该保持头脑清晰、面对现实、勇敢面对、不要逃避。冷静地分析整个事件的过程，分析一下是自己本身存在的问题。

**2.拥有宽广的胸怀，要善于调节自己**

我们要学会利用校园环境多加改善自己，让自己变得更加的优秀。在学校，可以多参加一些校园活动，不要总是封闭自己，适当的劳逸结合。在学习的过程中多与同学交流、谈心、分享，其实，与人接触的过程，也会使我们的心胸变得更宽阔的。

**3.拥有宽广的胸怀，要懂得包容别人的过失**

在我们的生活里，出现一些摩擦是很正常的事，比如同学之间的小打小闹，或者一些小误会等，面对这些问题，男孩们应该怎么做呢？俗话说，宰相肚里能撑船。作为一名男子汉，我们没必要对此耿耿于怀，要学会释然、洒脱地对待，不斤斤计较，勇于原谅别人。这样，你的学习生活才会更加美好。

**4.拥有宽广的胸怀，要注重换位思考**

每个人对于事情的看法都是不同的，所以当一个人和你的想法、看法，有不同的意见，或者和你有过什么争执，或者让你生气了的时候，那么就学着站在对方的角度去想，如果你是他，你又会如何。

## 原谅他人的过错，心情将更加美丽

◎适用写作关键词：原谅 包容

### 学会原谅，放下沉甸甸的“石头”

人无完人，每个人都不是完美的，在生活中犯一些错误也是在所难免的。面对这些，学会原谅他人，包容他人的过错，是十分有必要的。

有这样一个故事，老师问小朋友：“你们有讨厌的人吗？”小朋友们有的不吱声，有的点点头。接着，老师发给班级每个孩子一个纸袋，告诉他们：“今天，我们来玩一个游戏，请你们把你所讨厌的人的名字写在一个纸条上，也可以用符号代替。每天放学之后，请大家到路边找一些石头，回去把这些写着名字的纸条贴到石头上。把你非常讨厌的人的名字，贴在大一点的石头上；一般讨厌的，贴在小一点的石头上。每天，你都把‘讨厌的人’放进这个袋子里，带到学校里来。”

小朋友们听了，感到很有趣，放学后，他们都抢着到处去找石头。第二天一早，孩子们都带着装了石头的袋子来到学校，你一言我一语地相互讨论……

时间一天天地过去了，第三天、第四天、第五天……有些小朋友袋子里的石头越装越多，他们自己几乎都快提不动了。

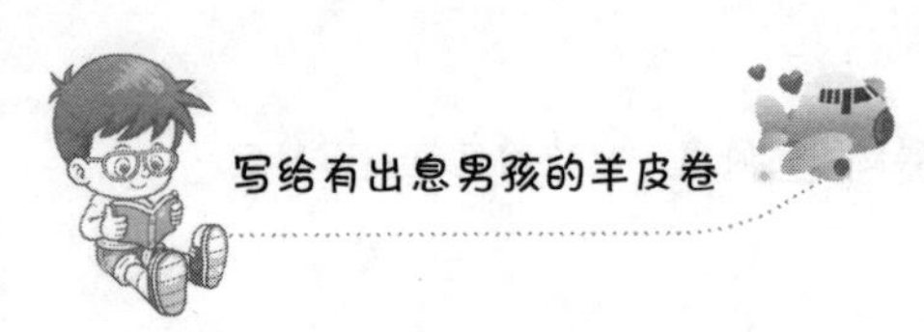


“老师，拎着这些石头来学校好累啊！我都快累死了！”小朋友们开始有一些抱怨。老师笑了笑，对孩子们说：“那就放下这些石头吧，以后也不要往里面放石头了！”

小朋友们都很诧异，为什么不搜集了呢？

“孩子们，讨厌一个人，就等于在你的心头加了一块石头。你讨厌的人越多，你也就越累。我们每个人都应该学会原谅别人的过失，宽恕别人，不要把小事儿记在心上……”

此后，孩子们明白了老师的意思，懂得了原谅的意义，同学之间友爱、团结，再也不用背着沉甸甸的“石头”了。

老师的一个小游戏给小朋友们带来了极大的启发，教会了他们做人做事的道理。在我们的生活里，出现一些摩擦是很正常的事。人人都会犯错，懂得宽恕他人、原谅他人是一种美德。如果在学习生活中与人出现摩擦，我们要大方地看待别人的错误，原谅别人，那样我们的心情才会更加美丽。

## 知识窗

### 心情不好，吃什么水果？

1.香蕉

香蕉含有一种被称为生物碱的物质，可振奋精神和提高信心。而且香蕉是色胺酸和维生素$B_6$的超级来源，这些都可帮助大脑制造血清素，减少忧郁。

2.葡萄柚

葡萄柚不但有浓郁的香味，更可以净化繁杂的思绪，提神醒脑。葡萄柚所含的高量维生素C，不仅可以使身体有抵抗力，还可以抗压。最重要的是，在制造多巴胺、肾上腺素时，维生素C是重要成分之一。

## 为你支招

那么，男孩们，同学间出现摩擦，如何做到互相体谅，友爱相处呢？

**1.掌握原谅的标准**

要懂得分清是非，正确处理发生的问题，哪些应采取原谅的做法，哪些不可以原谅。要明白原谅、忍让不等于没有原则，不是放弃批评与反抗。比如说，对于一些小打小闹的事情我们无需计较，很多时候都是一些无意的小冲突罢了，这时候我们要学会宽容和忍让。但是对于他人恶意触碰我们原则的行为是不可以容忍的，事情要有一个度，每个人都要懂得不要去僭越这个为人处世的界限，不要做出伤害他人的行为。对于对方的冒犯我们要采取灵活的方式，诚恳的态度去加以批评、制止。切忌粗鲁简单，不注意场合、分寸，或言辞过激、盛气凌人。这样不利于纠正错误，反会增加极抵抗情绪，起相反的作用。

**2.站在他人角度思考问题**

换位思考，想一下当别人生自己气的时候，自己是怎样的心情，你会发现这是一种很难受的感觉，如果自己产生如此难受的感觉，是一件多么难受的事情呢，所以说呢，原谅别人的过失，就等于原谅自己！

**3.培养良好的适应能力与合作精神**

在与同学或朋友交往这方面，不存在什么年龄不年龄的问题，同龄人多的是，相同年龄的人，所具备的交往能力却不一定都相同。男孩们要从小就锻炼自己，养成“得饶人处且饶人”的习惯，心怀宽容的心，学会原谅他人，这是十分重要的。

# 给他人留一扇窗，也是为自己打开一扇门

◎适用写作关键词：宽恕 机会 成全

## 给人机会，成全彼此

哲学家康德曾经说过："生气，是拿别人的错误惩罚自己。"是的，如果凡事都要斤斤计较，对人发火，那么你的胸怀还能装的下什么？所以，给人机会，也是善待自己，给别人打开一扇窗子的同时，也为自己的人生开启了一扇门。

孔子的学生子贡曾问孔子："老师，有没有一个字，可以作为终生奉行的原则呢？"孔子说："那大概就是'恕'吧。"用今天的字讲，"恕"即饶恕，宽容。这个故事让我们懂得了宽容是自古至今一直被赞美的一种美德 。一个懂得宽容的人，会受益终生，受人尊敬 。宽容是一种境界，宽容是给予，宽以待人，你就多了一扇窗，拥有了一份温馨，同时净化了自己 。为人宽容，解人之难，补人之过，谅人之短，不是一件容易的事，终生奉行就能赢得友谊 。

三国时期的蜀国，在诸葛亮去世后任用蒋琬主持朝政。他的属下有个叫杨戏的，性格孤僻，讷于言语。蒋琬与他说话，他也是只应不答。有人看不惯，在蒋琬面前嘀咕说："杨戏这人对您如此怠慢，太不像话了！"蒋琬坦然一笑，说："人嘛，都有各自的脾气秉性。让杨戏当面说赞扬我的话，那可不是

他的本性；让他当着众人的面说我的不是，他会觉得我下不来台。所以，他只好不做声了。其实，这正是他为人的可贵之处。”后来，有人赞蒋琬“宰相肚里能撑船”。蒋琬很重道义，气量宽宏，有着博大的胸怀宽恕他人眼中的“过错”，给别人机会，善待他人，同时也是为自己创造机会。

上面这个故事，男孩们应该深受启发。我们要明白，在宽恕别人的同时，其实也是对自己的一种解放。所以在学习生活中，不要拘泥于一点小事而不休，要有一颗宽恕的心，给他人一个机会，同时也是给自己创造了一个机会。

## 知识窗

### 仁义胡同简介

仁义胡同又称“六尺胡同”，位于山东省聊城市东昌府区东关大街111号傅斯年陈列馆（傅氏祠堂）东临，长约60余米，宽2米。胡同为青石铺筑，胡同南首为一木质牌坊，坊上檐下正中为清康熙皇帝题写的“仁义胡同”。在胡同北首为一影壁，壁为硬山顶，正中书有“仁义胡同”四个金色大字。傅斯年陈列馆所处原是傅家祠堂，傅斯年是傅以渐的七世孙，仁义胡同的故事就是由这位清朝的开国状元傅以渐而来的。

## 为你支招

那么，男孩们，如何才能保持一颗宽恕他人，给人机会，成全彼此的心呢？

**1.少一点计较，多一分洒脱**

他人或许因过失犯下了错，对此，我们要学会给他人改正的机会，少计较，事情过了就算了。每个人都有错误，如果执着于其过去的错误，就会形成思想包袱，不信任、耿耿于怀、放不开，限制了自己的思维，也限制了对方的

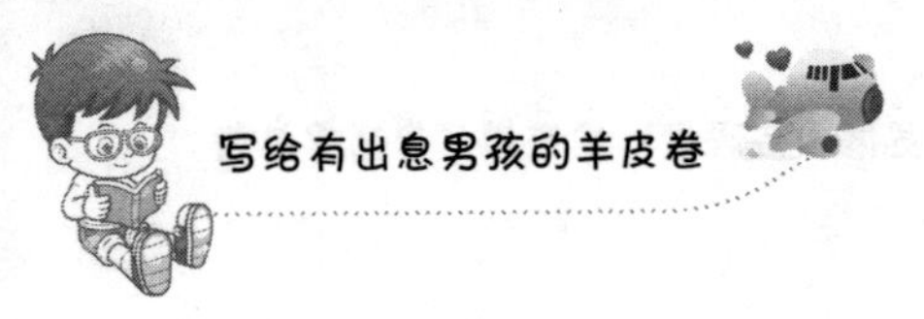


发展。

**2.在别人和自己意见不一致时也不要勉强**

任何的想法都有其来由。男孩们，我们要学会了解对方想法的根源，找到他们意见提出的基础，就能够设身处地，提出的办法也更能够契合对方的心理而得到接受。任何人都有自己对人生的看法和体会，我们要尊重他们的知识和体验。

**3.有宽容之心，但不代表纵容**

出现问题时，能够做到给他人一次机会说明你心胸宽广，但这并不是纵容，不是免除对方应该承担的责任。任何人都需要为自己的行为负责，任何人都要承担各种各样的后果。否则，对方会一而再、再而三地犯错，显示出软弱。

# 对手不是敌人，学会尊重是一种美德

◎适用写作关键词：尊重 竞争 合作

## 尊重，是你成功的基石

尊重对手，就是要在和对手竞争的同时指出对手的不足和弱点，尊重对手的优点，便学习对手的优点。尊重对手就是要站在对立的角度为对手着想，即使对手用傲慢不齿的手段来竞争，你也要摆好互相尊重的姿态应对。

贝利小时候就是足球强手，在同龄的孩子当中他称得上佼佼者，技术一流。就在一场孩子们的足球争战中，贝利的父亲却发现了贝利会用不起眼的小动作来绊倒对方，以获取进球的机会。虽然这样的方法屡屡得逞，但是贝利的父亲冲到球场上，将贝利狠狠地打了一顿。当所有人都愕然的时候，贝利的父亲严肃地警告贝利：踢球靠技术，不是用下三滥的动作，任何时候都要尊重对手，做被人尊重的人！这次教训，让“尊重对手”四个字在贝利的职业生涯中刻骨铭心。以至于贝利几次被人铲倒在地，好几年都无法踢球，他只是告诉观众：“报复对方的最好方法，就是再进一个球！”贝利尊重对手的态度，让自己不折不扣地成为了“世界球王”！

## 知识窗

### 贝利简介

贝利1940年10月23日出生在巴西的一个贫寒家庭，是20世纪最伟大的体育明星之一，被国际足联授予“球王（The King of football）”称号。在职业生涯总共攻进惊人的1283个球（正式进球700多个），一生中获得过无数荣誉创造过无数记录的贝利曾四次代表巴西国家队出战世界杯，共打进12球，其中在世界杯决赛打进3球，三次捧得世界杯（第6届、第7届、第9届），为祖国巴西永久保留雷米特杯。1980年被欧美20多家媒体记者评为20世纪最杰出的运动员之首，1987年6月他被授予国际足联金质勋章，1999年被国际奥运委员会（IOC）选举为“世纪运动员”，2004年FIFA国际足联百年庆典，他与“足球皇帝”贝肯鲍尔共同获得FIFA世纪最佳球员和足球名人大奖。2013年度国际足联颁奖礼在瑞士苏黎世举行，贝利获得首次颁发的国际足联荣誉金球奖，球王激动地泪洒现场。

## 为你支招

那么，男孩们，在学习中我们面对自己的竞争对手该怎么做呢？

**1.远离嫉妒，认识自己的不足**

男孩们，你们是否存在这种情况？付出十分的努力后发现自己并没有取得理想的结果，因此而感到挫败、沮丧。其实，这种挫败的心态正是产生不良竞争心理的温床。因此，我们要善于意识到自己的有限性，别人和自己虽然都各有优点，但这并不意味着自己的优点就适合自己正在参与的竞争。在学习中要正视自己的不足，而不是一味地加压。

**2.自我超越，把竞争的方向转向自身**

要学会树立自我超越的意识，把极端的竞争压力投入到改进自我当中。在这种改变中，由于学到没有掌握的东西是非常容易感觉的，也是非常容易做到的，在这个过程中就逐渐卸下了过多的心理压力。

**3.尊重对手，互相提高**

对手也是我们的伙伴、朋友，而不是敌人。我们要用良好的心态来对待，互相尊重、互相学习，这样才能互利共赢、不断提高。合作能集聚力量、启发思维、开阔视野、激发创作性，并能培养同情心、利他心和奉献精神。精诚合作会使我们分享到成功的愉悦，互助互惠能让我们取得更大的胜利。合作的结果不仅有利于自身，也有利于对方。

# 风度翩翩，做一个有教养的小绅士

◎适用写作关键词：风度 气度 教养

## 风度，演奏最动听的钢琴曲

钢琴大师演奏会的舞台上突然出现一位不速之客，正当所有人气愤、骚动之时，大师却表现出了容忍和鼓励的风度，最终赢得了大家的尊重。

著名的钢琴家及作曲家帕岱莱夫斯基预定在美国大型音乐厅表演。那是一个值得纪念的夜晚，所有到场的观众身着黑色的燕尾服或正式的晚礼服，一派上流社会的打扮。当晚的观众中有一位母亲，带着一个烦躁不安的9岁孩子。小孩等待得不耐烦了，在座位上躁动不停。母亲希望他在听过大师演奏之后，会对练习钢琴发生兴趣。

当这位母亲转头跟朋友交谈时，孩子再也按捺不住，他从母亲身旁悄悄溜走，他被刺眼灯光照耀着的舞台上那演奏用的大钢琴和前面的乌木座凳所吸引。在台下那批受过教养的观众不注意的时候，孩子瞪眼看着眼前黑白颜色的琴键，把颤抖的小手指放在了正确的位置，开始弹奏名叫《筷子》的曲子。观众的交谈声忽然停止下来，数百双表示不悦的眼睛一起看过去。被激怒、困窘的观众开始叫嚷："把那男孩子弄走！""谁把他带进来的？""他母亲在哪里？”“制止他！”

在后台，钢琴大师听见台前的声音，立即知道发生了什么事。他赶忙抓起外衣，跑到台前，一言不发地站到男孩身后，伸出双手，即兴地弹出配合《筷子》的一些和谐音符。二人同时弹奏时，大师在男孩耳边低声说：“继续弹，不要停止。继续弹，不要停止，不要停止。”一曲弹完，台下掌声雷动，孩子的母亲更是热泪盈眶，这是比听演奏会更好的启蒙孩子的方法，而做这件事的竟然会是一位大师。

这个小故事，我们可以看出，伟大的人，其品质的崇高往往在于他能在普通人最需要帮助的时候在其身后默不作声地推一把，鼓励他不要停止、继续努力，这种无声的关怀和帮助通常比单纯的说教更有促进力。在别人愤怒、烦躁的声音充斥着会场的时刻，大师的容忍以及鼓励显示出他高于常人的气度，他高尚大气的风度带来了台下热烈的赞赏及尊重。男孩们，在学习生活中，我们应该从中受到启发，学习大师的这种精神，努力做一个有风度、有教养的大气少年。

**开心一笑：木匠和绅士**

英国诗人乔治·英瑞出身于一个木匠的家庭。他在上流社会中从不隐讳自己的出身。有个贵族子弟嫉妒他的才华，在众人面前想出出他的洋相，就高声地问道：对不起，请问阁下的父亲是不是木匠？

不错，您说得很对。诗人回答。

那他为什么没把你培养成木匠？

乔治微笑着，很有礼貌地反问：对不起，那阁下的父亲想必是绅士了？

那当然！这位贵族子弟傲气十足地回答。

那他怎么没把你培养成绅士呢?

## 为你支招

那么，男孩们，想不想做一个有风度、有教养的小绅士呢?

**1.多读书**

古语云：腹有诗书气自华。要多读书、读好书，读书能培养人们的优良品质，读书能提升个人的魅力，培养气质的书籍应该是先看名著打好你的气质基础，然后再看一些专门针对气质修炼的书籍。

**2.行为举止，落落大方**

不论是生活还是学习，要注重仪态，一定要做到干净整洁、大方得体，不要养成邋遢等坏习惯。不要说脏话，你不尊重别人，别人也不会尊重你，可以没有出口成章的能力也不要有出口成脏的表现。无论是校外还是校园，都要注意卫生礼貌和礼仪。

**3.多向他人学习**

多和气质好的人交谈交流甚至成为朋友，物以类聚人以群分，古代的孟母三迁就是为了孟子找好的生活环境，好的生活环境也可以培养出好的气质。

# 第08章

# 坚持是一种力量，可以让男孩充满希望

遇到挫折，你凭什么放弃？或许坚持一下，就在前方的不远处，你就能看到胜利的曙光。梦想是伟大的，可是其中不断坚持的力量更令人佩服。坚持是一种力量，他为我们带来前进的希望。“太难了，还是放弃吧……”这类不负责任的话，是对自己所付出的辛劳的侮辱，我们要坚决杜绝。为梦想，为远方，男孩们，坚持奋斗吧！

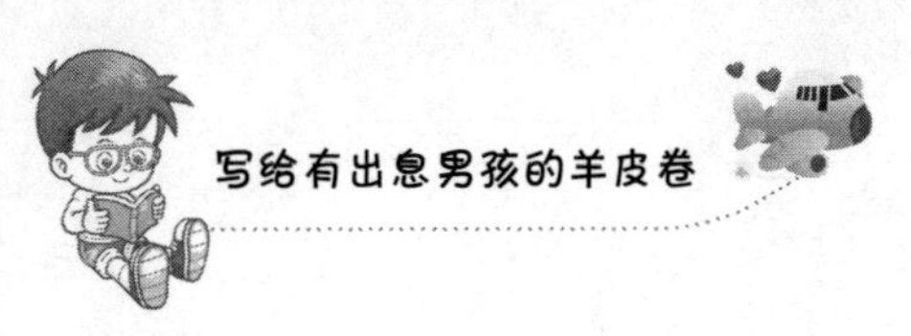


# 坚持走下去，胜利就在前方

◎适用写作关键词：坚韧不拔坚持

## 请告诉我，此刻谁还在坚持?

我们知道，没有谁能随随便便就会成功，成功的道路是充满汗水与泪水的，成功没什么秘诀，贵在坚持不懈。如果你有毅力，或许这是一件简单的事；如果你“三天打鱼，两天晒网”，那么这就是一件难事。巴斯德有句名言：“告诉你使我达到目标的奥秘吧，我唯一的力量就是我的坚持精神。”

有一回，苏格拉底对着学生说：“今天我们只学一件最简单，也是最容易的事，每个人把手臂尽量往前伸，然后再用力往后甩。”

这位有名的希腊大哲学家示范做了一遍，然后对学生说：“好了！就这样，从今天开始，每人每天做三百下，大家都可以做到吗？”

学生们认为那只是举手之劳，有什么做不到呢?

过了一个月，苏格拉底问学生：“原先我们要求每人每天甩手三百下，有哪些人做到了？”结果有90%的同学很骄傲的举手，还带着胜利者的欢呼。

又过了一个月，苏格拉底又问同样的问题，结果坚持下来的学生只剩下80%。一年后，苏格拉底再一次问大家：“请告诉我，一年前请大家每天做甩

手的运动，有多少人坚持到此刻？”

有同学几乎忘了这件事，也有人默默地低下了头，觉得有些羞愧。此时，只有一个人举手，这位同学就是希腊另外一位知名的哲学家——柏拉图。

看完这个小故事，我们应该明白伟人是如何一步步走向成功的。男孩们，梦想对我们来说，是很轻易就可以确立的。我们憧憬梦想实现的那份美好，那种幸福。可是当一切随着生活走向平静的时候，或许那种短暂的激情就抛之脑后了。人们缺的是一股意志力，透过意志力来激发我们行动的勇气，它不是一时的炫丽，而是一步一个脚印的落实，把一些对人生有益的念头与行为，变成优质的习惯。

## 知识窗

### 名人介绍

苏格拉底（前469—前399），古希腊著名的思想家、哲学家、教育家、公民陪审员，他和他的学生柏拉图，以及柏拉图的学生亚里士多德被并称为“古希腊三贤”，更被后人广泛地认为是西方哲学的奠基者。身为雅典的公民，苏格拉底最后被雅典法庭以侮辱雅典神和腐蚀雅典青年思想之罪名判处死刑。尽管苏格拉底曾获得逃亡的机会，但他仍选择饮下毒酒而死。

柏拉图（约前427—前347），古希腊伟大的哲学家和思想家之一，他和老师苏格拉底，学生亚里士多德并称为希腊三贤。其创造或发展的概念包括：柏拉图思想、柏拉图主义、柏拉图式爱情等。柏拉图的主要作品为《对话录》，其中绝大部分对话都有苏格拉底出场。

## 为你支招

那么，男孩们，学习中没有耐性，该怎样做呢？

**1. 鼓励自己往前再迈一步**

很多时候，只要你往前再跨一步就能达到成功，关键是你是否能够坚持去跨越这最关键的一步。男孩们，学习中也是如此，当你有困难就失去耐心的时候，我们要学会鼓励自己，告诉自己再坚持一下，那么成功就离你越来越近。

**2. 从每一件小事做起**

十几岁的小少年没有多少耐性是一件很平常的事情，可是这不应该是你放弃的理由。作为一名小男子汉，勇于去克服才是应该做的事情。比如，在我们做作业的时候，突然有小伙伴要你一起去打球，这时候，我们不能扔下做了一半的作业就跑掉，而是做完作业，认真检查完毕再出去玩耍。

**3. 向老师和父母请教**

在这段学习生涯里，父母和老师给了我们太多太多的爱，我们能忍心让他们失望吗？如果对学习没耐心，不认真听课，这是对自己严重不负责任的表现。试想一下，父母辛苦养育我们，老师悉心教导我们，他们都何曾放弃我们呢？男孩们，遇到困难，我们可以请教父母和老师，从他们那里获得鼓励与指导，不断坚持，做一个大家喜爱的好少年。

# 梦想因坚持而更加伟大

◎适用写作关键词：坚持 坚韧

## 你的坚持，成就了一代代的有梦人

在世界科学史上，有这样一位伟大的科学家：他不仅把自己的毕生精力全部贡献给了科学事业，而且还在身后留下遗嘱，把自己的遗产全部捐献给科学事业，用以奖掖后人，向科学的高峰努力攀登。今天，以他的名字命名的科学奖，已经成为举世瞩目的最高科学大奖。他的名字和人类在科学探索中取得的成就一道，永远地留在了人类社会发展的文明史册上。这位伟大的科学家，就是世人皆知的瑞典化学家阿尔弗雷德·伯恩哈德·诺贝尔。

诺贝尔1833年出生于瑞典首都斯德哥尔摩。他的父亲是一位颇有才干的机械师、发明家，但由于经营不佳，屡受挫折。后来，一场大火又烧毁了全部家当，生活完全陷入穷困潦倒的境地，要靠借债度日。父亲为躲避债主离家出走，到俄国谋生。诺贝尔的两个哥哥在街头巷尾卖火柴，以便赚钱维持家庭生计。诺贝尔一出世就体弱多病，身体不好使他不能像别的孩子那样，活泼欢快，当别的孩子在一起玩耍时，他却常常充当旁观者。童年生活的境遇，使他形成了孤僻、内向的性格。

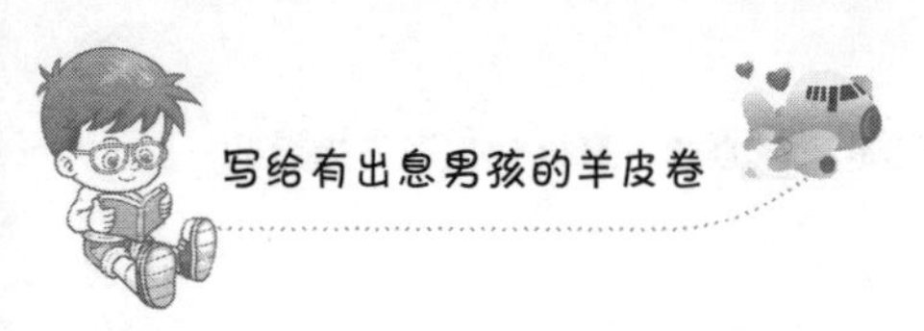


诺贝尔的父亲倾心于化学研究，尤其喜欢研究炸药。受父亲的影响，诺贝尔从小就表现出顽强勇敢的性格。他经常和父亲一起去实验室，几乎是在轰隆轰隆的爆炸声中度过了童年。

诺贝尔8岁才上学，但只读了一年书，这也是他所受过的唯一的正规学校教育。他10岁时，全家迁居到俄国的彼得堡。在俄国由于语言不通，诺贝尔和两个哥哥都进不了当地的学校，只好在当地请了一个瑞典的家庭教师，指导他们学习俄、英、法、德等语言，体质虚弱的诺贝尔学习特别勤奋，他好学的态度，不仅得到教师的赞扬，也赢得了父兄的喜爱。然而到了他15岁时，因家庭经济困难，交不起学费，兄弟三人只好中止学业。诺贝尔来到了父亲开办的工厂当助手，他细心地观察和认真地思索，凡是他耳闻目睹的那些重要学问，都被他敏锐地吸收进去。

为了使他学到更多的东西，1850年，父亲让他出国考察学习。两年的时间里，他先后去过德国、法国、意大利和美国。由于他善于观察、认真学习，知识迅速积累。很快成为一名精通多种语言的学者和科学家。回国后，在工厂的实践训练中，他考察了许多生产流程，不仅掌握了许多实用技术，还熟悉了工厂的生产和管理。

就这样，在历经了坎坷磨难之后，没有正式学历的诺贝尔，终于靠自己的坚持、勤奋，逐步成长为一个科学家和发明家。

这个故事，相信给我们很大的启发。男孩们，我们应该向这位伟大的科学家致敬。第一，在穷困潦倒的生活环境下，他没有磨灭斗志，而是坚持努力成就了自己的美好未来。第二，他不仅为科学事业奉献了自己的一生，而且还把自己的全部遗产捐献给社会，不断激励一代代在科学道路上努力拼搏的人们。希望男孩们把他作为榜样，不断前进。

## 知识窗

诺贝尔奖

诺贝尔奖，是以瑞典著名的化学家、硝化甘油炸药的发明人阿尔弗雷德·贝恩哈德·诺贝尔的部分遗产（3100万瑞典克朗）作为基金创立的。诺贝尔奖分设物理、化学、生理和医学、文学、和平五个奖项，1901年首次颁发。诺贝尔奖包括金质奖章、证书和奖金。1968年，瑞典国家银行在成立300周年之际，捐出大额资金给诺贝尔基金，增设“瑞典国家银行纪念诺贝尔经济科学奖”，1969年首次颁发，人们习惯上称这个额外的奖项为诺贝尔经济学奖。

## 为你支招

那么，男孩们，怎样练就坚韧不拔的品质呢？

### 1.制订目标

采取适当的行动以实现这些目标。要清楚自己的目标，这很重要。失败和挫折是难免的，但坚韧的人会把目标牢记于心，心中要有一个长远和更广阔的蓝图。

### 2.持乐观态度

坚韧的人保持着充满希望的未来，期待着取得积极的成果。当然，这会推翻盲目乐观的心态。但是相比预期会最好来说，消极悲观是不现实的。坚韧的人们往往认为压力事件或危机是临时的，甚至是学习和成长的机会，而不是无法承受的问题。

### 3.要不断学习

坚韧的人有决心从挫折和困难中吸取有用经验教训。回首过去，我们可能会发现，我们似乎是最困难的条件下学到了最有用的东西。男孩们，我们要学会建立积极的自我形象，做一个坚强的人，积极地认识自己，看待自己，不断学习新知识。

# 乐观的心，迎接前方的风雨

◎适用写作关键词：乐观 苦难

## 在不幸中寻找光明

1791年，法拉第出生在伦敦市郊一个贫困铁匠的家里。他父亲收入菲薄，常生病，子女又多，所以法拉第小时候连饭都吃不饱，有时他一个星期只能吃到一个面包，当然更谈不上去上学了。

法拉第12岁的时候，就上街去卖报。一边卖报，一边从报上识字。到13岁的时候，法拉第进了一家印刷厂当图书装订学徒工，他一边装订书，一边学习。每当工余时间，他就翻阅装订的书籍。有时甚至在送货的路上，他也边走边看。经过几年的努力，法拉第终于摘掉了文盲的帽子。

渐渐地，法拉第能够看懂的书越来越多。他开始阅读《大英百科全书》，并常常读到深夜。他特别喜欢电学和力学方面的书。法拉第没钱买书、买簿子，就利用印刷厂的废纸订成笔记本，摘录各种资料，有时还自己配上插图。

一个偶然的机会，英国皇家学会会员丹斯来到印刷厂校对他的著作，无意中发现法拉第的“手抄本”。当他知道这是一位装订学徒记的笔记时，大吃一惊，于是丹斯送给法拉第皇家学院的听讲券。

法拉第以极为兴奋的心情，来到皇家学院旁听。作报告的正是当时赫赫有名的英国著名化学家戴维。法拉第瞪大眼睛，非常用心地听戴维讲课。回家后，他把听讲笔记整理成册，作为自学用的《化学课本》。

后来，法拉第把自己精心装订的《化学课本》寄给戴维教授，并附了一封信，表示："极愿逃出商界而入于科学界，因为据我的想象，科学能使人高尚而可亲。"

收到信后，戴维深为感动。他非常欣赏法拉第的才干，决定把他招为助手。法拉第非常勤奋，很快掌握了实验技术，成为戴维的得力助手。

半年以后，戴维要到欧洲大陆作一次科学研究旅行，访问欧洲各国的著名科学家，参观各国的化学实验室。戴维决定带法拉第出国。就这样，法拉第跟着戴维在欧洲旅行了一年半，会见了安培等著名科学家，长了不少见识，还学会了法语。

回国以后，法拉第开始独立进行科学研究。不久，他发现了电磁感应现象。1834年，他发现了电解定律，震动了科学界。这一定律，被命名为"法拉第电解定律"。

法拉第依靠刻苦自学，从一个连小学都没念过的装订图书学徒工，跨入了世界第一流科学家的行列。

1867年8月25日，法拉第坐在他的书房里看书时逝世，终年76岁。由于他对电化学的巨大贡献，人们用他的姓——"法拉第"作为电量的单位；用他的姓的缩写——"法拉"作为电容的单位。

看完这个故事，我们应该明白，面对不幸，既然无法选择那就努力去改变，用一颗积极乐观的心去迎接前面的风雨，寻找黑暗中的光明。

## 知识窗

### 开心一笑：百分之一

爸爸买了一个哈密瓜，儿子叫来了两个小伙伴分瓜吃，一个说：“我要二分之一。”另一个说：“我要三分之一。”儿子最后说：“这瓜是我爸爸买的，我要多一点，我要百分之一。”

## 为你支招

那么，男孩们，怎样养成乐观的心态呢？

**1.远离自卑心理**

每个人都应该相信自己是独一无二的，正确认识自己才会找到属于自己独有的特质。人也都会有自卑的时候，自卑不可怕，可怕的是永远自卑。有的男孩可能会因为自己与他人的差距或自身的缺陷而自卑，甚至变得孤僻，远离人群。长久下去，会对身心有着不利的影响，男孩们，我们要善于发现自己身上的闪光点，远离自卑心理，做一个乐观向上的学生。

**2.积蓄美好，宽以待人**

多点接触世间美好的事物，宽以待人，这样就能得到更多的幸福感和快乐。男孩们，在校园里，我们要团结友爱，珍惜同学友情。比如，考试成绩不理想时，有好友的安慰和鼓励，心情自会明朗许多，也会更为积极地去面对困难。

**3.努力提高自己**

要努力提高自己，让自己有一技之长，努力成为一个能者，能者面对困难才能更加乐观。我们要多学习一些知识，多看书，从书本故事中汲取力量，培养乐观的心态。此外，懂得的东西多了，应对问题才会更加的积极不畏惧，更有底气。

# 永远怀揣希望，绝不停止奋斗

◎适用写作关键词：坚持 不放弃 希望

## 只要我还有一口气，我就要坚持！

大约在100年前，一个英国富家子弟跟随旅游团来到了瑞士，准备跟随大人们一起攀登阿尔卑斯山。然而在山脚下，面对高耸入云的山峰和一眼望不到尽头的山脉，大山雄伟的气势震慑了这个少年，他吃惊的是，世界上还有这么高大的山峰，比他家后面的山峦高多了。往日，这个少年爬他家后面的那座小山头还感觉吃力，再看眼前这座大山，他有些畏缩了。

这时，有一位年迈的老人已经开始登山，他在一步一步地向上挪动，老人的步履明显迟缓，但却坚定，老人的举动使这个少年受到了鼓舞。于是，这个少年也迈出了第一步。

在爬山的过程中，每当他累得气喘吁吁产生放弃的念头时，他便抬头去望那位老人不停向上移动的身体。每当这个少年看到那个老人向上攀爬的身影时，他都会重新树立信心。虽然一次次地摔倒，但他都一次次地爬了起来，他坚持到最后，终于成功登上了山顶。

站在山顶俯瞰山下，他发觉一切都变得那么的渺小！登山的经历给他留

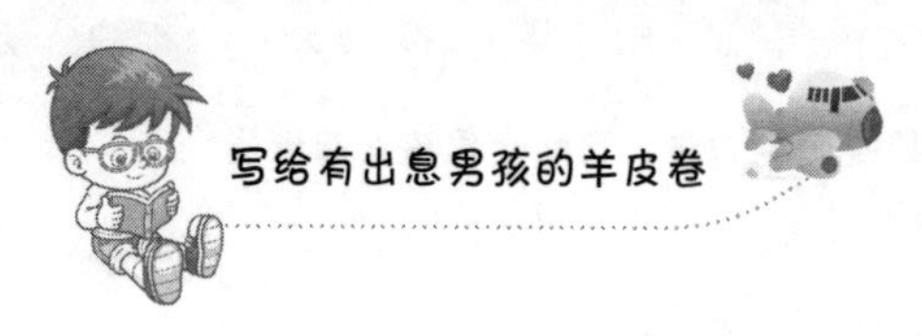


下了难忘的印象，也使他明白了一个道理：无论做任何事情，只要坚持下去，总会有希望成功！后来有一次，这个少年与几个小伙伴相约去划船、游泳，正当他们游得惬意的时候，湖面上突然刮起了一阵风，小船随风飘走了。没有船他们就无法上岸啊！这下可急坏了这群孩子，他们见势不妙，便拼命地追赶小船，一直追了大约一公里，就在距离小船只有五十多米的地方，小伙伴们实在游不动了，其中有两个小伙伴干脆停下来，说什么也不往前游了。

这时，这个少年也一样精疲力竭，他自言自语地说："难道今天真是我的丧日吗？不，绝不！只要我还有一口气，我就要坚持！那么高大的阿尔卑斯山不是曾经被我踩在了脚下吗？" 于是这个少年竭尽全身气力，坚持游到了小船边，他上船后调转了船头，救起了那些已经累得筋疲力尽的同伴们。这件事像那次登山一样，使这个少年更坚定了在困难面前坚持到最后的必胜信念。

这个富家少年就是温斯顿·丘吉尔。30年后，他当上了英国首相。在第二次世界大战期间，当纳粹的铁蹄几乎踏遍了欧洲大陆的严峻时刻，丘吉尔表现出了临危不惧的精神，他领导英国人民坚持抵抗，与世界正义力量一起战胜了法西斯，赢得了英国人民的尊敬。

男孩们，丘吉尔的这一句"只要我还有一口气，我就要坚持！"是何等的霸气。谁的一生是毫无坎坷的？我们都一样，坚持走下去，总会有喜悦的那一刻。没有永远的不如意，烦恼也终究会离去，从此刻开始，学会坚持，怀揣希望，努力奋斗吧。

## 知识窗

### 丘吉尔简介

温斯顿·伦纳德·斯宾塞·丘吉尔（Winston Leonard Spencer Churchill，1874—1965），英国政治家、历史学家、画家、演说家、作家、记者，出身于

贵族家庭，父亲伦道夫勋爵曾任英国财政大臣。

温斯顿·伦纳德·斯宾塞·丘吉尔1874年生于英格兰牛津郡伍德斯托克。1940年至1945年和1951年至1955年两度出任英国首相，被认为是20世纪最重要的政治领袖之一，领导英国人民赢得了第二次世界大战。2002年，BBC举行了一个名为“最伟大的100名英国人”的调查，结果丘吉尔获选为有史以来最伟大的英国人。

## 为你支招

那么，男孩们，怎样做才能离梦想更近呢？

### 1.制订计划

做事情要有计划、有目标，这样才能走得更加长远。学习不是一蹴而就的事情，而是一步一个脚印的坚持与付出。男孩们，我们要学会为自己制订计划，一个阶段一个阶段的去努力完成，这样每完成一个计划，你就会感到很大成就感，那么就更有动力去完成更大的计划。

### 2.脚踏实地

志当存高远，这是好的志向，但是切记不要好高骛远。男孩们，再长的路，一步步也能走完，再短的路，不迈开双脚也无法到达。学习中，我们要脚踏实地，从点滴做起，认真做好每一道题，解答一个个疑难问题，无形中就会不断的提升，这就是进步。

### 3.自我总结

男孩们，当我们闲暇时，不妨静下心来，想想今天是否过得充实而有意义。我们要善于总结，分析一下哪些地方还需要改进，哪些地方做得好，适当给自己一些奖励，这样，我们就会不断进步，学习生活也会更加充实。

# 点滴坚持，积累进步的力量

◎适用写作关键词：坚持积累 不断进步

## 坚持梦想，飞向远方

圣诞节这天，爸爸从外地赶回来，给小莱特兄弟带回一份圣诞礼物。兄弟俩迫不及待地把礼盒打开，看到一个怪怪的玩具。他们拿在手上摆弄着，不知道怎么玩。这时爸爸过来给他们做展示，他把上面的橡皮筋扭紧，一松手，只见前面像风车一样的东西转了起来，随着那个玩具就飞到了空中。

“啊，真是太有趣了，它能像鸟一样在空中飞！”从那以后，莱特兄弟就对飞行产生了兴趣，并且一直在想：如果人能飞上天就好了！长大后，他们开了一家自行车商店，一边经营自行车一边研究飞行。几年下来，他们掌握了大量的有关航空方面的知识。然后就开始动手制作飞机了。

他们先是伏在山坳里观察老鹰是怎么飞的，然后把它一步一步画下来。按照老鹰飞翔的样子，兄弟俩在1900年10月，终于制成了他们的第一架飞机。他们的飞机真的飞起来了，虽然只有一米多高，但是莱特兄弟很受鼓舞。接下来，莱特兄弟对飞机进行多次改进，慢慢地，他们的飞机能飞到离地100多米的高空中了。但是这种飞机有个缺点，就是只有风天才能起飞，如果没有风，它

就飞不起来。而且它在空中飞时，只能像老鹰那样滑翔，所以人们给这种飞机起了个名字叫滑翔机。

三年过去了，飞机的事一点进展也没有。这天，莱特兄弟忽然在报纸上看到一条消息，说有个叫兰莱的发明家，也发明了一架飞机，在试飞的时候坠入大海了。莱特兄弟立刻去进行调查，并仔细研究兰莱飞机的部件，从中获得了很多宝贵的经验。他们又开始了自己新的试验，这次他们在地面上安置两根固定的木头轨道，把飞机放在上面，弟弟维尔伯坐上去，发动飞机。飞机在轨道上滑行后，就嗖地一下升上天空了。

“啊，终于飞上天了，终于成功啦！”哥哥奥维尔对着天空挥手，大叫。话音还没落，飞机突然坠落下来。他们试着把轨道从斜坡上拿下来，放在平地上，再次试飞。这回飞机一下子飞到三米多高，而且能水平向前飞。飞机飞行了30米左右后，稳稳地落到地上。莱特兄弟别提有多高兴了。

“我们成功了！我们成功了！”他们抱在一起，笑得眼泪都出来了。莱特兄弟从收到爸爸的怪礼物到研制飞机成功总共用了26年，失败了无数次，试飞的时候，莱特兄弟也多次摔伤。

男孩们，任何事情都不是轻而易举就能成功。莱特兄弟也是几十年一点一滴的坚持，积累进步的力量，积少成多，才将人类的千年梦幻变为现实。从此刻开始，努力坚持，为你的梦想奋斗吧！

## 知识窗

### 莱特兄弟简介

莱特兄弟指的是奥维尔·莱特（1871—1948）和威尔伯·莱特（1867—1912），发明家，飞机的发明者。世人一般认为他们于1903年12月17日首次完成完全受控制、附机载外部动力、机体比空气重、持续滞空不落地的飞行，并因此将发明了世界上第一架飞机的成就归功给他们。

## 为你支招

那么，男孩们，学习中怎样做才能不断保持进步呢？

**1.有吃苦耐劳的精神**

男孩们，吃得苦中苦，方为人上人。学习不是一天半天的事，我们要想在学习中不断保持进步，就需要有着吃苦耐劳的精神。要保持一种革命精神，不怕苦不怕累。比如，坚持锻炼，早起读书，认真完成作业……都需要严格要求自己，切忌半途而废。

**2.坚持，不放弃**

做任何事都需要坚持不懈的精神，否则一事无成。学习中，只要定准目标，就努力朝着目标不断前进吧。比如，每个学期，我们制订一些学习计划，记住，这不是说说而已，而是尽全力的去坚持奋斗，这样才能不断地提升自己。

**3.积极进取，乐观向上**

好的心态成就好的未来，学习中也是如此。男孩们，我们要时刻保持一颗向上的心，调整好情绪，远离悲观消极，这样才能让学习的过程不断充满着快乐，身心也会轻松健康。

# 第09章

# 坚持是一种力量，可以让男孩充满希望

不为失败找借口，要为成功找方法。勤奋就是最重要的方法之一。现在的社会竞争力越来越大，我们再不努力，那还有展现自己的机会吗？我们要不断学习，不拖延，不磨叽，勇于超越自己，不断实现自己的价值。机会是靠自己拼出来的，不是等出来的，此刻开始，勤奋读书吧。

# 勤奋，实现你的最大价值

◎适用写作关键词：勤奋 刻苦

## 让勤奋成为你前进的力量

一分耕耘一分收获，有付出才会有回报。正如人们所说："机会留给有准备的人。"只有坚持不懈的努力，才有机会抓住机遇的尾巴。我们要坚信一句话："努力了不一定成功，不努力肯定不会成功。"

勤奋，让你实现最大的价值；勤奋，让你展现最好的才能。

明朝著名散文家、学者宋濂自幼好学，不仅学识渊博，而且写得一手好文章，被明太祖朱元璋赞誉为"开国文臣之首"。宋濂很爱读书，遇到不明白的地方总要刨根问底。有一次，宋濂为了搞清楚一个问题，冒雪行走数十里，去请教已经不收学生的梦吉老师，但老师并不在家。宋濂并不气馁，而是在几天后再次拜访老师，但老师并没有接见他。因为天冷，宋濂和同伴都被冻得够呛，宋濂的脚趾都被冻伤了。当宋濂第三次独自拜访的时候，掉入了雪坑中，幸被人救起。当宋濂几乎晕倒在老师家门口的时候，老师被他的诚心所感动，耐心解答了宋濂的问题。后来，宋濂为了求得更多的学问，不畏艰辛困苦，拜访了很多老师，最终成为了闻名遐迩的散文家！

闻一多读书成瘾，一看就“醉”。据说在他结婚那天，家里张灯结彩，热闹非凡，亲朋好友都来登门贺喜。当迎亲的花轿快到家门时，却找不到新郎了。急得大家东寻西找，结果在书房里找到了他。只见他仍穿着旧袍，全神贯注地在读书。

语言大师侯宝林只上过三年小学，由于他勤奋好学，终于成为著名的相声表演艺术家。有一次，他想买一部明代的笑话书《谑浪》，跑遍北京城的旧书摊也未能如愿。后来，他得知北京图书馆有这部书。时值冬日，他顶风冒雪，连续十八天跑到图书馆去抄书。一部十多万字的书，终于被他抄录到手。

读完上面的几个名人故事，我们应该懂得一个道理：学习需要勤奋。古往今来，关于勤奋的故事数不胜数，比如：囊萤夜读，闻鸡起舞，凿壁偷光，悬梁刺股……男孩们，勤奋使他们最终都成就了一番伟业，努力做一个勤奋的孩子吧！

## 知识窗

宋濂（1310—1381），初名寿，字景濂，号潜溪，别号龙门子、玄真遁叟、仙华生、元贞子、元贞道士、仙华道士、幅子男子、无念居士、白牛生、南山樵者、南宫散史、禁林散史，汉族，祖籍金华潜溪，至宋濂时迁居金华浦江（今浙江浦江）。明初著名政治家、文学家、史学家、思想家。与高启、刘基并称为“明初诗文三大家”，又与章溢、刘基、叶琛并称为“浙东四先生”。被明太祖朱元璋誉为“开国文臣之首”，学者称其为太史公、宋龙门。

## 为你支招

那么，男孩们，如何养成勤奋刻苦、不懒惰的好习惯呢？

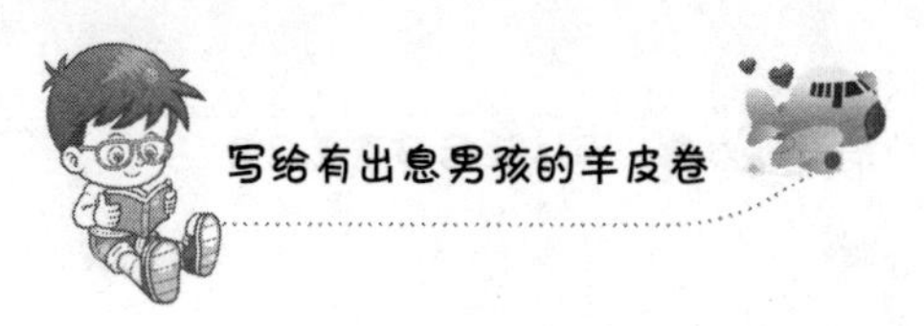


**1.合理安排时间**

合理安排时间，保持生活的条理性是对付懒惰的关键性的一步。懒惰常常与生活散漫分不开，日常生活井然有序的人，做事就不会拖拖拉拉。

**2.兴趣是最好的老师**

兴趣是最好的老师，兴趣为男孩们勤奋刻苦的学习提供动力。一个人对某项事物产生了兴趣，便会积极主动地投入，消除懒惰。

**3.养成独立处理问题的习惯**

自己的事情自己做，不要养成事事依赖他人的习惯，要学会独立去解决问题。比如，独立去思考完成一道数学题，独立准备一段演讲词，独立地和他人交流等。

**4.培养勤奋作风**

男孩们，懒惰对于学习来说有着极大的坏处，我们要勤奋学习，克服懒惰的恶习。所以，男孩们要培养勤奋的作风，把勤奋当成一种美德，用勤奋的汗水提高自己的成绩。

# 千万不要把今天能做的事留到明天

◎适用写作关键词：拖延 行动 等待

## 我生待明日，万事成蹉跎

“明日复明日，明日何其多。我生待明日，万事成蹉跎。”我们常常听到这样的话“我为什么做这些事情呢？”“现在没空，明天再忙吧。”“待会做没什么区别，还有比这更有趣的事情。”等。似乎总是在拖延着一切。

人生有多少个明日让我们虚度呢？请记住，立即行动，别让拖延毁了成功的路。

在四川的偏远地区有两个和尚，其中一个贫穷，一个富裕。

有一天，穷和尚对富和尚说：“我想到南海去，您看怎么样？”富和尚说：“你凭借什么去呢？”穷和尚说：“我一个水瓶、一个饭钵就足够了。”富和尚说：“我多年来就想租条船沿着长江而下，现在还没做到呢，你凭什么去？”

第二年，穷和尚从南海归来，把到过南海的事告诉了富和尚，富和尚深感惭愧。

看完这个简短的小故事，我们应该能悟出其中的一个简单道理：说一尺不如行一寸。在人的一生中，今天是多么的重要啊，是你最有权力发挥或挥霍的，寄希望于明天的人，是一事无成的人，到了明天，后天也就成了明天。男孩们，一味地拖延下去就会一事无成，拖延将会阻碍你前进的道路。此时此刻此地，抓紧行动起来，不要依赖明天。尽力充实你的每一天，这样你的明天才会更加美好。

## 知识窗

### 《明日歌》

明代诗人钱鹤滩《明日歌》：明日复明日，明日何其多？我生待明日，万事成蹉跎。世人若被明日累，春去秋来老将至。朝看水东流，暮看日西坠。百年明日能几何？请君听我明日歌！

这首诗七次提到“明日”，给人的启示是：世界上的许多东西都能尽力争取和失而复得，只有时间难以挽留。人的生命只有一次，时间永不回头。反复告诫人们要珍惜时间，今日的事情今日做，不要拖到明天，不要蹉跎岁月。

## 为你支招

那么，男孩们，做事情你还会选择拖延等待明天吗？

**1.将拖延的借口消灭掉**

大家都知道，当你决定每天早起学习，改掉睡懒觉毛病时，第二天的闹铃并没有叫醒你。心想着最后一次睡懒觉，真的太困了，明天早起吧。其实，我们要学会自我提醒，想想今天还没完成的学习任务，上课老师检查背诵怎么办……这样施加一点压力，才有动力不再拖延。

**2.做个积极主动的人**

要勇于实践，做个真正做事的人，不要做个懒惰不做事的人。男孩们，在学习中，要懂得积极向上，主动学习，而不是等待老师的安排。要养成按时完成作业的习惯，学会主动去预习明天的课程，这样你就会成为一个不拖延，不懒散，积极进取的人。

**3.行动起来**

男孩们，遇到困难不要怕，学会用行动来克服恐惧，同时增强你的自信。怕什么就去做什么，你的恐惧自然会立刻消失。比如，有一类型的数学题你不会解决，如果你总是拖延，遇到这类问题就逃避，那么积少成多，你的成绩会越来越差。其实，如果勇敢去面对，不拖延，寻求老师和同学的帮助，那么很多问题将会迎难而解。

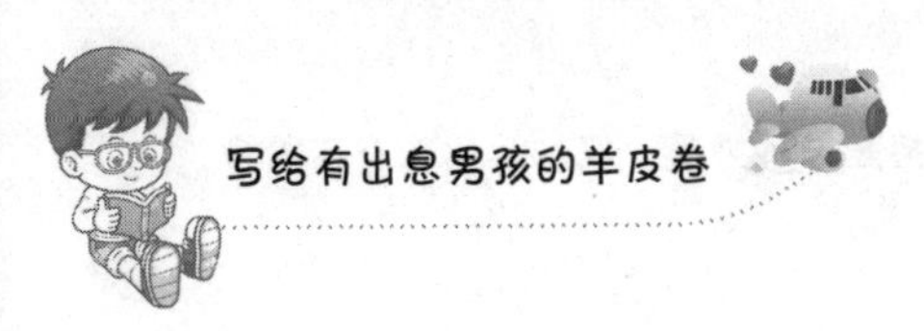


# 勇于探索，多实践才出真知

◎适用写作关键词：实践 行动 尝试

## 勇于实践才能得出真理

“纸上得来终觉浅，绝知此事要躬行。”一个人的知识再渊博，如果缺少实践，目光也是相对短浅的。因而，最终要想认识事物或事理的本质，还必须自己亲身的实践。

有这样一个故事：在一个小村子里，有三条路。一条通向大海，一条通向城里，还有一条什么地方也不通的路。有一个叫马尔迪诺的人，他却不听乡亲们说的话，他说：“世界上根本没有什么地方也不通的路，它哪也不通那还修它干嘛呢？”于是，有一天他拿着吃的上路了。他要看看那条什么地方也不通的路到底有什么。他走呀走，突然看见一只小狗蹦蹦跳跳向前走，好像让马尔迪诺跟着它，于是马尔迪诺与它走了好长的路，小狗停下了，汪汪地冲着上面叫，马尔迪诺抬头一看，眼前的景象让他惊呆了，那有一座雄伟的宫殿。有一个女王在上面叫他，女王对他说：“你说的很对，世界上根本没有什么也不通的路。只要勇于探索，勇于实践就一定能得出真理！”

有两个真实的故事，就证实了女王说的话。

17世纪伟大的科学家伽利略是一个勇于探索、勇于实践的一个人。他为了证明两个铁球（一个11千克重，一个1千克重），能同时着地，特意在比萨斜塔上证明。另一个是：有一次，一个科学家对一群小朋友说："把一条鱼放进一个装满水的缸里水会冒出来吗？我猜他不会。"小朋友们听了科学家这么说也都信了，可是唯独有一个小姑娘她却不信。妈妈让她做一个实验证实一下。结果实验证明科学家说的话也不一定全都对，实践出真知。

上面的故事及事例相信给男孩们带来了很大的启发。实践才是检验认识真理性的唯一标准，遇到问题，要勇于探索，多去尝试，而不是一味迷信权威，这样才能看到事情最真实的一面。

## 知识窗

比萨斜塔是意大利比萨城大教堂的独立式钟楼，位于意大利托斯卡纳省比萨城北面的奇迹广场上。广场的大片草坪上散布着一组宗教建筑，它们是大教堂（建造于1063年—13世纪）、洗礼堂（建造于1153年—14世纪）、钟楼（即比萨斜塔）和墓园（建造于1174年），它们的外墙面均为乳白色大理石砌成，各自相对独立但又形成统一罗马式建筑风格。比萨斜塔位于比萨大教堂的后面。

比萨斜塔从地基到塔顶高58.36米，从地面到塔顶高55米，钟楼墙体在地面上的宽度是4.09米，在塔顶宽2.48米，总重约14453吨，重心在地基上方22.6米处。圆形地基面积为285平方米，对地面的平均压强为497千帕。倾斜角度3.99度，偏离地基外沿2.5米，顶层突出4.5米。1174年首次发现倾斜。

## 为你支招

那么，男孩们，知道怎样去寻求你的真理吗？

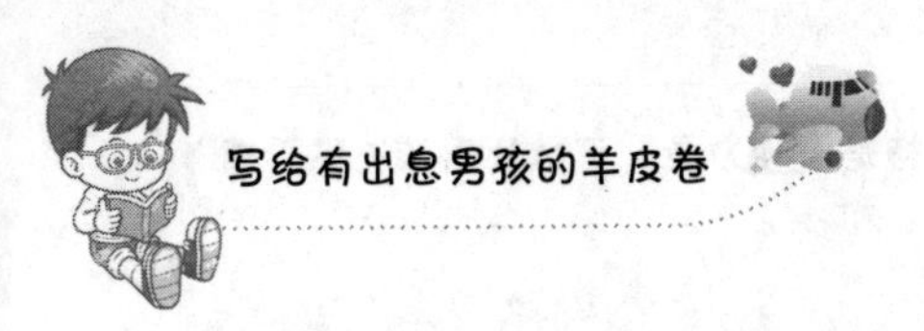


**1.勤奋学习，巩固书本知识**

要寻求新的知识，新的突破，一靠学习，二靠实践。实践离不开书本理论的指导，否则将会无所适从。男孩们，实践获取新知的过程，也是需要课本知识的支持。因此，要想突破自己，首先要保证学好现阶段的科学文化知识，勤奋刻苦，不断丰富自己。

**2.勇于实践**

男孩们，在遇到问题时，我们该怎么做？逃避不理，还是勇敢尝试？其实，事情并没有我们想象的那么难，只要去尝试，才有攻破的可能。比如，有些学生害怕做应用题，一看到题目就空过去放弃了。其实很多题目是很简单的，只不过是课本例题的变换罢了，你不尝试怎么知道这个题的难易呢？因此，我们要勇于实践，多去尝试，才有可能攻破难关。

**3.相信自己**

男孩们，自信能让我们显现出很大的魅力。任何时候我们都要对自己充满信心，保持高昂的情绪，积极乐观的去面对前方。自信能激发更大的潜能，因此，我们要做一个自信的男孩，面对问题毫无畏惧，勇敢迈出自己的脚步。

# 超越自己，让梦想插上翅膀

◎适用写作关键词：不断突破 超越自己

## 让自己的心先过去

著名的心理学大师卡耐基经常提醒自己的一句箴言就是：“我想赢，我一定能赢，结果我又赢了。”因此，面对前方的一路荆棘，超越自我，让自己的心先过去，就是获取胜利的最好办法。

布勃卡是举世闻名的奥运会撑杆跳冠军，享有“撑杆跳沙皇”的美誉。他曾三十五次创造撑杆跳世界纪录。

在他接受由总统亲自授予的国家勋章后，记者们纷纷向他提问：“你成功的秘诀是什么？”

布勃卡微笑着回答：“很简单，就是在每一次起跳前，我都会将自己的心‘摔’过去。”

作为一名撑杆跳选手，也曾有过，不断尝试冲击新的高度，但都失败而返的日子。他苦恼、沮丧过，甚至怀疑自己的潜力。

他对教练说：“我实在是跳不过去！”

教练平静地问：“你心里是怎么想的？”

布勒卡如实回答：“我只要一踏上起跳线，看清那根高悬的标杆时，心里就害怕。”

突然，教练一声断喝：“布勒卡！你现在要做的就是闭上眼睛，先把自己的心从标杆上‘摔’过去！”

教练的厉声训斥，让布勒卡如梦初醒。

他遵从教练的吩咐，重新撑杆又跳了一次。这一次，果然顺利地跃身而过。于是，一项新的世界纪录又刷新了，他再一次超越了自我。

教练欣慰地笑了，语重心长地对布勒卡说：“记住吧，先将你的心从杆上‘摔’过去，你的身体就一定会跟着一跃而过。”

相信男孩们已经看懂了上面的故事。其实，成功的人和平庸的人期初是处于一条起跑线上。成功者之所以成功，是因为他们懂得自我超越，进而放眼未来；庸人之所以平庸，是因为一直走不出自我的苑囿。因此，只有不断前进，敢于超越自我，经得起一切考验，那么成功才会降临你身旁！

## 知识窗

### 布勒卡简介

布勒卡，（Sergey Bubka，1963年12月4日— ）国际奥委会委员，乌克兰撑竿跳高运动员。这位天才式的传奇运动员在其职业生涯中，曾35次刷新撑杆跳室内、室外世界纪录，连续获得六届世界锦标赛冠军，是该项目中早出成绩且保持成绩持续提高的典范，有“空中飞人”之称。

## 为你支招

那么，男孩们，知道怎样展现更好的自己吗？

**1.做好自己**

首先，我们要做好自己，不要过度在乎他人的看法。男孩们要学会自我比较，看看一直以来的成绩，然后规定自己以后的前进目标。即便自己失败了，也要懂得自我激励以后努力上进。

**2.每天进步一点点**

学习是一个过程，成功不可能一蹴而就。男孩们，我们要学会每天点滴积累，争取每天都在进步，这样自己才会越来越优秀。比如，每天不断的背诵单词、古诗，解决一个类型的难题，等等。

**3.主动学习，不断锻炼自己**

我们要主动去扩大自己的知识面，在学习中增长知识，不要放过任何可以学习的机会与平台！要懂得不断地锻炼自己。要把学校知识和社会实践结合起来，有自己独特的见解，不断增加自己的见识，胆识，知识！

# 为成功找方法，不为失败找借口

◎适用写作关键词：方法 事半功倍

## 方法对了，你就能事半功倍

美国希尔顿饭店创立于1919年，在不到90年的时间里，从一家饭店扩展到100多家，遍布世界五大洲的各大城市，成为全球最大规模的饭店之一。如今，希尔顿的资产已从5000美元发展到数百亿美元。希尔顿旅馆已经吞并了号称为“旅馆之王”的纽约华尔道夫的奥斯托利亚旅馆，买下了号称旅馆皇后的纽约普拉萨旅馆。希尔顿饭店生意如此之好，财富增长如此之快，他的成功的秘诀是什么呢？

来看一个希尔顿凭借优势创造生意的智慧故事。

一次，“酒店大王”希尔顿在盖一栋新酒店时，突然出现资金困难，无法继续盖下去了，在银行又贷不到款，他急得团团转。

突然，他想到了一个妙计：找那位卖地皮的商人！要他给自己“免费”盖酒店！ 你是不是也觉得奇怪呢？哪有人傻到卖地皮给你，然后还把楼给你盖好的？但是希尔顿做到了！希尔顿直接跟那个地产商说，他没钱继续盖酒店了！地产商漫不经心地说：“那就停工呗！等有钱了再盖吧！”希尔顿回答道：

“这个我自然知道，但是，假如我的酒店总拖着不盖，恐怕受损失的不只我一个吧！说不定你的损失比我的还要大呢！”

地产商纳闷了，你盖酒店与我何干？希尔顿接着说：“你知道，自从我买你的地皮盖房子以来，周围的地价已经涨了好几倍。如果我的酒店突然不盖了，你的这些地皮的价格就会大受影响！如果有人再宣传一下，我的酒店不盖了，是因为这个地方不好，准备另迁新址，那又会怎样呢？”

“那你想怎么样？”地产商紧张起来。

“很简单，你将房子盖好再卖给我，我当然会付钱给你的，但是不是现在给，而是从我的利润里分期支付！”

地产商虽然很不情愿，但是考虑到整体利益，还是决定做一回“傻子”，就决定盖这栋楼了。

在很多人眼里，这本来是一件完全不可能做到的事情，让自己的地产商盖酒店，还等赚了利润再给钱，简直是完整版的“借鸡生蛋”，希尔顿却做得天衣无缝又合情合理。

男孩们，希尔顿的故事让你学到了什么呢？人的智慧是无穷的，面对困难，只要我们懂得学会转变思路，寻找正确的方法，一切就会迎刃而解。因此，男孩们，我们要懂得去锻炼自己思维的灵活性，来实现思路的突破。方法总比问题多，男孩们要学会去为成功找方法，而不是为失败找借口，开动脑筋，效果将会事半功倍。

## 知识窗

### 脑筋急转弯

（1）增长智力最有效的办法是什么？

（2）李主任早上刷牙的时候一边刷一边大声唱歌，他是怎么做到的？

（3）一个考上清华大学的人以正常的速度读完清华大学需要花多长时间？

答案：（1）吃一堑长一智。（2）假牙。（3）读完“清华大学”四个字只要一秒钟。

## 为你支招

那么，男孩们，哪些好的学习好点子能助你一臂之力呢？

**1.养成良好的学习习惯**

男孩们，良好的学习习惯是取得好成绩的关键一步。首先，我们要合理安排时间，按时做作业，不熬夜，懂得温习与复习功课。其次，要注重坐姿，保证字迹工整，卷面整洁。再次，做功课要专心，不要三心二意，同时懂得劳逸结合，最后，要主动思考问题，不依赖，不懒惰。

**2. 合作学习，共同进步**

人无完人，每个人都有自己的不足，合作学习会让你更加的优秀。通过合作，同学之间可以互相学习彼此的长处，看到自己的不足，从而学到更多的东西。合作学习有利于增进同学间的相互了解、友情与信任，学会处理人际关系的技能、技巧与策略，学会有效地表达自我。学习中，男孩们可以互相监督、互相督促，共同进步。

**3.带着问题去看书**

问题激发我们的好奇心，带着问题去看书，有利于集中注意力，目的明确。看书前，我们可以先去看看课后思考题，带着问题去文中搜寻答案；同时，它还要求我们在预习时去寻找问题，以便在听课时在老师讲解该问题时集中注意力听讲；最后，在练习时努力地去解决一个个问题，不要被问题吓倒，解决问题的过程就是进步的过程。

# 第10章 鸟儿欲高飞先振翅，男孩儿上进要多读书

我们在书声琅琅的校园里学习是一件幸福的事。每天不断地学习新知识，结交新朋友，明白新道理，所以我们要珍惜现在的生活。阅读是一件高雅的兴趣，男孩们要养成从小热爱阅读的习惯，掌握一定的阅读技巧，拥有自己的读书计划，做一个有知识、有文化的人。

# 书籍是人类进步的阶梯

◎适用写作关键词：读书 知识

## 读书，成就非凡的自己

这是一个爱读书的故事，一个励志的故事，一个奋斗的故事。

晚上，他躺在床上，便在心里默默计算着他已经有了多少钱，还要多少钱才能买本书，慢慢地，他进入了梦乡。他做了一个很美的梦：在梦里，他有了很多很多的新书，一会儿看看这本，一会儿又摸摸那本，他不知道看哪一本才好。他在梦中想：这么多的书，我怎么看得过来呢？让那些没书看的人都到这儿来看书吧。于是，就有很多的小朋友到他这儿来看书。小朋友们拿着新书，大家都很开心地笑了……

第二天早上醒来，小伯尔便向房间四周打量："我的书呢，我的书到哪儿去了？"

房间里空空的，一本新书也没有。他才知道是做了一个好梦。他想：总有一天，我会有梦里那么多书的。

上学路上，他又经过那个面包坊。一阵阵的奶油面包香味直扑鼻孔，他使劲地咽着口水。

面包坊的老板看见他走过来，亲切地招呼他："小伯尔，今天想吃什么面包？我这里有奶油面包、火腿面包，还有新来的葡萄夹心面包。"

小伯尔真想吃一个香喷喷的面包，但他喜爱的新书在向他招手呢。他慌忙撒个谎："谢谢您，我已经吃过了。"说完，他拔脚跑了起来。他想赶快离开这儿，逃离那阵阵香味带来的巨大诱惑。

老师在讲台上讲着数学题，可小伯尔的肚子在唱"空城计"了。早上没吃面包，现在肚子里空空的。小伯尔在心里说："肚子，你别叫了，我要买一本新书呢。等我把新书买回来，一定把你喂得饱饱的。"

就这样坚持了三天，他终于存够了买一本新书的钱。他把铁罐里的钱倒出来，仔细地数了一遍又一遍。"足够买一本新书了。"他自言自语道。他把钱又放回铁罐中，抱着小铁罐朝书店走去。

来到书店，他大声地对书店里的店员说："阿姨，我要买一本新书。"

店员奇怪地看着他，说："孩子，你有那么多钱吗？"

"我有，阿姨你看。"说着，他把小铁罐高高地举了起来，摇了摇，铁罐里的硬币发出清脆的响声。

"你哪来那么多钱呢？"店员不相信似的问他。

"我省下来的面包钱呢。"

店员叹了口气，说："可怜的孩子。"说着，她便去书架上拿了小伯尔最喜爱的《格林童话》。

买了新书，小伯尔别提有多高兴了。他把新书紧紧地抱在胸前，生怕它逃走了似的，一路蹦蹦跳跳地回到家。

回到家里，他找了一张牛皮纸，小心地把书的封皮包起来。他把新书放在鼻子底下，久久地闻着书页中散发的油墨芳香。"这本书是我的啦，我有了一本新书了。"他有点不敢相信似地喃喃自语着。晚上他把新书放在枕头底下，

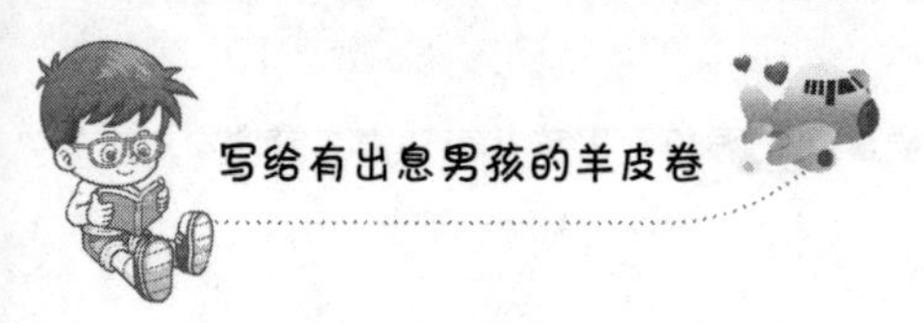


美美地睡着了。

长大以后，爱书的小海因里希·伯尔终于成了一名作家，还获得了诺贝尔文学奖。

看完这个故事，相信我们都非常感动。高尔基先生说过：“书籍是人类进步的阶梯。”男孩们，多读书，可以增加更多的知识；多读书，可以培养自己的写作灵感；多读书，可以陶冶自己的性情……书籍，能为我们带来无穷的力量。现在，我们的生活越来越好，希望大家珍惜美好时光，做个爱读书的孩子吧！

## 知识窗

### 海因里希·伯尔简介

海因里希·伯尔，德国作家，1972年诺贝尔文学奖获得者。1939年入科隆大学学习日耳曼语文学，同年应征入伍，直至第二次世界大战结束。曾负过伤，当过俘虏，对法西斯的侵略战争深恶痛绝。在早期作品中，伯尔审视纳粹主义的恐怖统治，看到战争和政治力量给普通民众带来的毫无意义的苦难。在后期作品中，他猛烈抨击经济繁荣下的道德沦丧，批评社会和宗教机构的专横和虚伪。1985年逝世。

## 为你支招

那么，男孩们，多读书具体有哪些好处呢？

**1.树立正确的人生观**

读书能帮你树立正确的三观，男孩们要多读一些名著，通过阅读，你能够与先贤们博古烁今，你能够与文人骚客们煮酒论歌，你能够从无数正反面的故

事中，吸取教训，增长见识，去粗取精，形成具有正面导向性的三观。

**2.开阔视野**

读书能帮你开阔视野，你不再局限在小小生活中的一隅，你可以无拘无束地畅游古今中外，学识遍布四海，随着读书范围的扩大，你也会练就出广博的心胸与远大的理想和信念。比如，读一些科学类的图书，你能从中领略到科技的奥秘，了解古今科学的神奇力量。

**3.扩大社交能力**

读书能帮你结识朋友，扩大社交圈子，通过读书，你能找到志同道合的朋友，你们可以在一起谈论书本，抒发情感，那何尝不是一种莫大的好处。

# 读书要讲求质量，吸收真知

◎适用写作关键词：精读 实效

## 读书要“贵在精”

著名教育家徐特立曾经这样教导青年人：读书要“贵在精”。他还说：“学习的经验是学得少，懂得多，做得好。”这是徐老读书的经验之谈。“贵在精”，就是说读书时不要光着眼于数量，而要高质量地精读。要抓住书中的精华，也就是要抓住事物的核心和实质。

徐特立出生在1877年。青年时期，他就酷爱读书，认为读书可以“明人生之理，明社会之理”。18岁时，为了谋生，他在做医生还是当塾师之间选择了后者，从此开始了“一生都教书”的道路。然而，他白天教学生读书，晚上自己还要去拜先生学本领，因为“自己明理了”，才能“把所明之理教给学生”。

读古书很费时间和精力，徐特立从不贪多，他遵循着两条原则：一是“定量”，一是“有恒”。比如《说文解字》中部首有540字，他每天只读两个，计划一年读完。他认为光贪多，不能理解和记忆，读了等于不读。他在教中学生的时候，也是这本书，要求学生每天课余记一字，两年学完，有些学生偏要星期六同时学6个字，结果，到默写的时候，多半人都写不出来。他说这就是“不

按一定分量、不能保持经常学习的害处”。

“不动笔墨不读书”是徐特立的一句名言。在湖南一师教书的时候，他发现一般学生都存在这样一个问题：阅读时贪多求快，不求甚解。他就把自己长期刻苦自学得到的经验介绍给大家。他认为，不怕书看得少，只怕囫囵吞枣不消化。他教育学生，读书要注意消化，要学会思考并评定所读的书的价值。他教给学生，读的时候，要标记书中的要点，要在书眉上写下自己的心得体会和意见，还要摘抄自己认为精彩的地方。这样读书，读一句算一句，读一本算一本。那时，他的学生中实行这种方法最坚决、最有成绩的是毛泽东。他几年中就写了几网篮的读书札记，文学和思想修养水平提高很快。

看完徐老的读书方法，男孩们应该明白了“精读”的要义。其实，很多时候我们读书的时候盲目的追求快速和数量，忽略了读书的质量，这样也会导致读得快不如忘得快的结果。男孩们，多读书不是读死书，读书讲求方法和技巧，我们要学习徐老，读书要“贵在精”。

## 知识窗

### 《说文解字》

《说文解字》，简称《说文》。作者是东汉的经学家、文字学家许慎（献给汉安帝）。《说文解字》成书于汉和帝永元十二年（100年）到安帝建光元年（121年）。《说文解字》是我国第一部按部首编排的字典。

## 为你支招

那么，男孩们，我们要怎样读书，换句话说，读书有哪些技巧呢？

### 1.泛读

泛读即广泛阅读，指读书的面要广，要广泛涉猎各方面的知识，具备一般常识。不仅要读自然科学方面的书，也要读社会科学方面的书，古今中外各种不同风格的优秀作品都应广泛地阅读，以博采众家之长，开拓思路。通过阅读来搜集大量的准备资料。

**2.精读**

精读，要求我们在读书时保持更为细腻、缜密的态度。我们要懂得多思考，多推敲，不断研究每一句话的意思，在文字分析的过程中能够写出自己的感悟与评价，这样才能更好地读透文字。对本专业的书籍及名篇佳作应该采取这种方法。只有精心研究，细细咀嚼，文章的“微言精义”，才能“愈挖愈出，愈研愈精”。可以说，精读是最重要的一种读书方法。

**3.选读**

读书要有所选择，毕竟每个人的时间和精力是有限的，不可能把人类的知识宝库全部阅读完毕。我们可以有针对性选取一些适合自己的书籍加以阅读，或者是根据自己某一阶段的需求来选取辅助性的书籍。比如，对待语文，我们要多选取一些课本上要求阅读的文学名著增加自己的文学素养，对待数学，多寻求一些拓展思路和关乎解题方法的书籍……有针对性地选择书目进行阅读，这样才能达到事半功倍的效果。

**4.写读**

如果把你的读书感受落实到文字上，那么你的记忆将会更为深刻，你也会积淀下更多的思想。古人云“不动笔墨不读书”就是这个道理。男孩们，在读书的时候我们可以为自己准备一个专门的笔记本，记录自己的读书心得，形成自己独特的思想，这样对自己作文水平的提升也会有很大的益处。此外，写的多了，自己对文字的阅读能力也会不断增强，最终你将能够灵活地把知识转化为技能和技巧。

# 按部就班，制订自己的读书计划

◎适用写作关键词：读书计划

## 发明大王，是怎样走上成功之路的呢？

爱迪生是一个世界闻名的发明大王。终其一生，发明的东西有白炽电灯、留声机、活动电影、自动电报机、速写机等1328种，平均每十一天就有一项发明（当然，这里也包括他的助手的功劳）。1882年，是他发明最盛之年，平均每三天就发明一种东西。人们不禁要问：这位发明大王，是怎样走上成功之路的呢？

刚上小学时，他的老师很讨厌他，因为爱迪生不像别的孩子那样乖乖地听话，而是爱提一些怪问题难老师。有一天，老师被他惹火了，找到爱迪生的妈妈说，你的小孩真怪、老问我为什么二加二等于四。这么一来，搞得课堂教学难以进行，如果再传染上别的孩子，就更糟了。我教不了他，你另想办法吧。

爱迪生的妈妈是理解孩子的。她把孩子领回家来，亲自授课。就这样，爱迪生通过刻苦自学，掌握了比在学校读书的孩子还要多的知识。

为了谋生，也为了挣点钱做实验，爱迪生开始卖报。早上六点出发，晚上

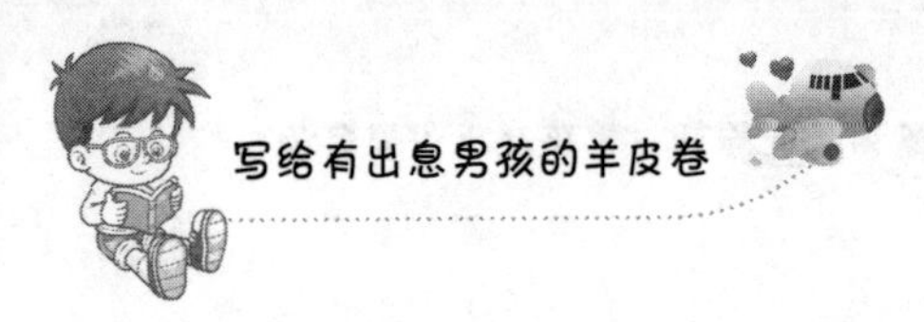


九时半回家。稍有空暇，他就钻图书馆，看书，想问题。这个图书馆坐落在底特律，是爱迪生乘火车卖报的终点站。

一天，爱迪生在专心致志地看书，有位绅士向他走来：“我时常在这里遇到先生，请问您读了多少书了？”

“唔，我已经读了十五英尺高的书了。”爱迪生看了看这位很有点古怪的绅士，认真地回答道。

“哈哈哈哈”，绅士大笑起来，有点使爱迪生感到惊异。过了一会儿，那绅士又认真起来：“噢，十五英尺，值得佩服，请问你读书时，有个什么确定的目的吗？据我观察，你以往读的书与今天读的书，性质就不一样，你是不是随便乱读的呢？”

小爱迪生忽闪着明亮的眼睛。“不！我是按照次序读的，我下了决心，要读完这个图书馆里的所有的藏书。”讲完这番信心十足的话，爱迪生直盯着那绅士，盼望着他做出一句评判性——不，表彰性的话。不料，那绅士却说：

“啊！你要读完这图书馆所有的书，精神可嘉！但是，你这种读法是会浪费精力的。经济实效的读书方法是，先应有一定的目的，之后再去选书读。从今以后，你要定一个方针、计划呀，有了方针、计划，就可以循序渐进了！”

一番话，犹如一道阳光透过心扉，射入了爱迪生求知欲强盛的心田。他牢牢地记住了那位绅士的指点，开始更加自觉、更加有计划地读书学习了。

在研制改进打字机的一个部件的时候，他就把有关打字机的书全部借来，系统阅读，并且很快解决了问题。在发明电灯的日子里，他常常钻进图书馆，把各种杂志书报上的有关文章阅读一遍，而后根据需要摘抄一些段落。有人统计说，为了研究发明电灯，爱迪生在图书馆使用的笔记本达二百本，共计四万多页。这种带着一定目的，有计划积累知识的学习、读书方法，给爱迪生带来莫大的好处。

看完这个故事，男孩们是不是觉得对你的学习很有启发呢？是啊，读书并不是死读书，读书要有计划、有目的，这样读书的效果才会更好。爱迪生之所以取得如此大的成功，与其顿悟到的读书方法是有很大关系的。

## 知识窗

### 熬夜的危害

很多人都喜欢熬夜，这种不健康的睡眠方式对身体的伤害是很大的，最重要的就是一定要保证睡眠，不能透支睡眠。同时，不健康的睡眠很容易带来一些肌肤问题，脸上也会冒出很多的痘痘。

## 为你支招

那么，男孩们，怎样有计划、有目的地去读书呢？

**1.自主制订计划，按照个人兴趣读书**

在具体阅读过程中，要坚持一个“远交近攻”的原则，按照现在的阅读兴趣、知识储备，逐渐向外扩展、扩大辐射半径。过于频繁地调整阅读方向和内容，会增加阅读成本，甚至会变成“黑熊掰玉米。”

**2.合理安排好时间**

亿本书我们可以分几天读，比如今天读5页，明天读5页，每天都读差不多的内容，这样便可以合理安排好时间，也会养成每天读书的好习惯。

**3.多做读书笔记**

读书时还可以随时记读书笔记，抒发自己的感想，这样日积月累，便可获得的丰富的知识。也可把一些书报上的有关文章阅读一遍，而后根据需要摘抄一些段落，随时欣赏。

# 培养读书兴趣，兴趣是最好的老师

◎适用写作关键词：阅读兴趣 以书为友

## 以书为友，书籍赐予你力量

格亚的童年是从一个收养他的家庭被推到另一个收养他的家庭中度过的。他几乎没上过学。

长大后，他结了婚，有了两个儿子。不久，妻子去世，格亚陷入极度沮丧之中，他和孩子长时间居住在贫民区一间破旧的公共住宅里，似乎此生注定要陷入贫穷、绝望的生活。但是，格亚决心让步他的两个儿子成功，尽管他没有受过正规教育。他决定并宣布：每周他们只能看两次电视，其余的空余时间，他们必须在读书中度过。

格亚督促孩子们读书，每周把读过的书向他复述，并要求孩子们写读书报告给他。因为他自己几乎不认识字，他要求两个儿子大声朗读给他听。他还要求他的两个儿子给他读他感兴趣的读物——《钢铁是怎样炼成的》，然后向他解释他们读的那些内容是什么意思。在这个艰难的阶段，书籍成了他们最好的朋友，赐给他们生活的勇气。

多年的培养，孩子们终于没辜负他的辛劳。当孩子们上大学时，格亚用不着担心交不起学费，他的两个儿子被两所重点大学录取并获得了奖学金。后来，大儿子毕业于密歇根大学，小儿子毕业于耶鲁大学。格亚确信他的美国梦能够通过教育圆满实现，因此，他决定去身体力行他所教的东西。当他的两个儿子升入大学深造之后，他也回到学校，接受初级教育课程。

在两个儿子的帮助下，格亚提高了阅读和写作能力。他回忆说："我会写些文章并请他们帮我纠正。"由于得到了新的教育，格亚得以离开那些低下的工作，成为了一位室内装饰专家。

格亚的两个儿子继续追求他们的事业。哥哥成为了一名工程师，而他妻子是位内科医生；弟弟是一所医院的儿科、神经科主任。

格亚一家的事例给我们带来一个道理：我们要培养读书的兴趣，书本有改变生活的力量。格亚和儿子在面对似乎压倒一切的困境时，能够读书致富，那么，普通的家庭也照样能够做到。

### 知识窗

《钢铁是怎样炼成的》是苏联作家尼古拉·奥斯特洛夫斯基所著的一部长篇小说，于1933年写成。小说通过记叙保尔·柯察金的成长道路告诉人们，一个人只有在革命的艰难困苦中战胜敌人也战胜自己，只有在把自己的追求和祖国、人民的利益联系在一起的时候，才会创造出奇迹，才会成长为钢铁战士。这本书激励了一代代有志青年通过艰苦奋斗去实现自己的理想。

## 为你支招

那么，男孩们，怎样培养自己的阅读兴趣呢？

### 1.真心热爱，远离功利性

兴趣爱好不是天生就有的，它是环境影响和后天培养的结果。青少年时期，是培养良好兴趣爱好的重要时期。男孩们，读书的好习惯受益终生。功利性的爱好不会长久，我们要远离这种思想，让读书成为自己最纯粹的爱好。比如，不要把读书作为为了应付考试写作的手段，只有真正热爱读书，这样才会为你的写作带来更多的益处。

### 2.顺应心理特点

选好自己“爱看”的第一批书，使自己对书产生好感。只有一步步融入到书籍中去，才会把阅读当成一种兴趣，让自己去主动读书。比如，小学阶段可选择印刷美观漂亮、内容丰富有趣、情节发展符合儿童想象和思维特点的图画书看，随着年龄增长，逐步选择一些励志故事书来看。

### 3.学会分享

男孩们，我们可以结交一些书友，学会分享书中的乐趣，一起交流好看的书籍。这样我们的书籍范围就会不断扩大，通过交流，我们的乐趣也会逐步增加，渐渐地就会成为一种习惯，进而也能实现不断进步，共同学习的目标。

# 不让任何阻力阻止你读书的步伐

◎适用写作关键词：阅读 读书 勤奋

## 在篱笆下读书的牛顿

很多人总是抱怨，抱怨社会的不公，抱怨生活的穷苦，似乎这些成了自己不热爱读书的借口。其实，多少伟人的生活不是这样悲惨的呢？在他们成功的路上，又何尝没有跟苦难斗争过呢？一代伟人牛顿，他少年时代的境遇也是十分令人同情但也令人敬佩的。

牛顿1642年出生在英国一个普通农民的家里。在牛顿出生前不久，他的父亲就去世了。母亲在他2岁那年改嫁了。当牛顿14岁的时候，他的继父不幸故去了，母亲回到家乡，牛顿被迫休学回家，帮助母亲种田过日子。母亲想培养他独立谋生，要他经营农产品的买卖。

一个勤奋好学的孩子多么不愿意离开心爱的学校啊！他伤心地哭闹了几次，母亲始终没有回心转意，最后只得违心地按母亲的意愿去学习经商。每天一早，他跟一个老仆人到十几里外的大镇子去做买卖。牛顿非常不喜欢经商，把一切事务都交托老仆人经办，自己却偷偷跑到一个地方去读书。

时光渐渐流逝，牛顿越发对经商感到厌恶，心里所喜欢的只是读书。后来，牛顿索性不去镇里营商了，仅嘱老仆人独去。怕家里人发觉，他每天与老仆人一同出去，到半路停下，在一个篱笆下读书。每当下午老仆人归来时，再一同回家。

这样，日复一日，篱笆下的读书生活倒也其乐无穷。一天，他正在篱笆下兴致勃勃地读书，赶巧被过路的舅舅看见。舅舅一看这个情景，很是生气，大声责骂他不务正业；把牛顿的书抢了过来。舅舅一看他所读的是数学书，上面画着种种记号，心里十分感动。舅舅一把抱住牛顿，激动地说："孩子，就按你的志向发展吧，你的正道应该是读书。"

回到家里后，舅舅竭力劝说牛顿的母亲，让牛顿弃商就学。在舅舅的帮助下，牛顿如愿以偿地复学了。

牛顿的故事，相信男孩们受到了很大的启发。在那样艰苦的条件下，牛顿都能保持初心不变，不断找机会去读书。即便阻力重重，他也用自己的行动，克服阻碍，弃商就学，从而走上读书学习的道路，终究成为了一代令人景仰的伟人。男孩们，珍惜现在美好的生活，向牛顿学习，努力读书，做一个有知识、有文化的好少年吧！

## 知识窗

### 开心一笑：这个学生可真牛

老师在上面讲得很是辛苦，可是下面的一位学生却睡着了，老师很是生气，就把他叫醒了，并问他："你闭着眼睛在干什么？"

这学生说道："我在默记。"

老师："那你为什么头一点一点的？"

学生："我在赞同你的观点。"

老师："那你为什么还在流口水？"

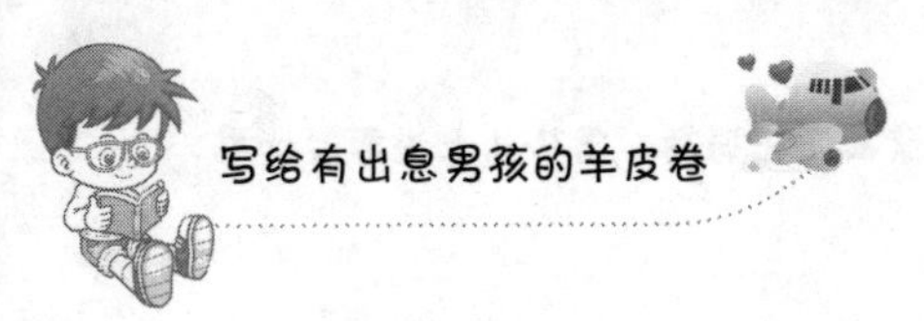

学生："因为我听得津津有味啊……"

## 为你支招

那么，男孩们，如果是你，面对困境，应该坚持读书呢？

**1.自我约束**

牛顿在如此艰苦的条件下都能读书，如今的我们又有什么能阻挡读书的乐趣呢？学习中，我们要学会约束自己，多读书，多思考。不要总是沉迷于网络游戏，多提醒自己通过阅读增长知识，做一个对社会有用的人。

**2.养成课外阅读的习惯**

课外阅读对于开拓学生视野，丰富知识，提高阅读与表达能力具有重要的作用。加强课外阅读指导，培养阅读兴趣，一要课内外结合，多看老师推荐的好书。二要校内外结合，抓住良好的阅读条件，多去校图书馆看书。三要多去参加多种读书活动，做好阅读笔记，养成"不动笔墨不读书"的习惯，并且适当参加课外阅读竞赛评比活动。

**3.锻炼自己的意志力**

有志者事竟成。男孩们，只要我们肯努力，没有过不了的难关。我们要学会严格要求自己，面对困难要学会去自己处理。另外，要制订读书计划，让自己的学习生活更充实而多彩。

# 第11章 弥补自己的短板，才能更快成功

人是情绪化的动物，情绪的好坏都与我们每一个人的成长有着至关重要的作用。积极的情绪可以让人们更加的成熟，从而不断的走向成功；消极的情绪就是自己的短板，它会误导我们步入歧途。男孩们，我们要学会不断完善自己，做自己情绪的主人，控制好自己的脾气，让自己一步步成熟起来。

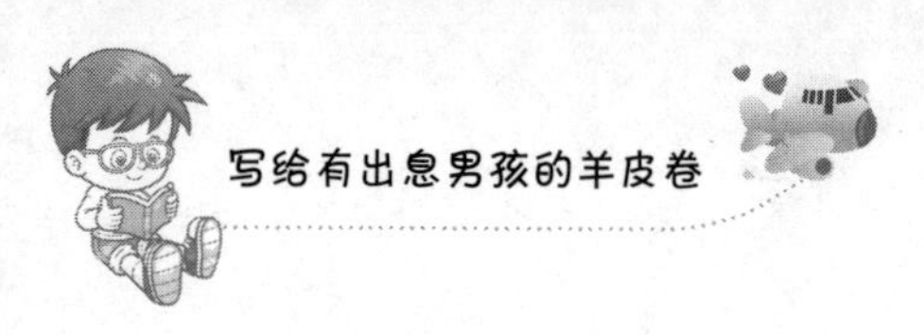


# 自我约束，跟坏脾气说拜拜

◎适用写作关键词：约束 控制 坏脾气

## 篱笆上的钉子

从前，有一个脾气很坏的男孩，他的爸爸给了他一袋钉子， 告诉他，每次发脾气或者跟人吵架的时候，就在院子的篱笆上钉一根。

第一天，男孩钉了37根钉子。后面的几天，他学会了控制自己的脾气，每天钉的钉子也逐渐减少了。他发现，控制自己的脾气，实际上比钉钉子要容易得多。终于有一天，他一根钉子都没有钉，他高兴的把这件事告诉了爸爸。爸爸说：“从今以后，如果你一天都没有发脾气，就可以在这天拔掉一根钉子。”日子一天一天过去，最后，钉子全被拔光了。

爸爸带他来到篱笆边上，对他说：“儿子，你做得很好，可是看看篱笆上的钉子洞，这些洞永远也不可能恢复了。就像你和一个人吵架，说了些难听的话，你就在他心里留下了一个伤口，像这个钉子洞一样。”插一把刀子在一个人的身体里，再拔出来，伤口就难以愈合了。无论你怎么道歉，伤口总是在那儿。

要知道，身体上的伤口和心灵上的伤口一样都难以恢复。你的朋友是你宝贵的财产，他们让你开怀，让你更勇敢。他们总是随时倾听你的忧伤。你需要他们的时候，他们会支援你，向你敞开心扉。

看完这个故事，男孩们是不是也决心改掉自己的坏脾气了呢？有坏脾气的人，说出的话，做出的事容易伤害别人，就像是留在木板上的钉子孔，钉子尽管已经取走，但是那个钉子孔永远也抹不去，一直留在那里，深深的痕迹，触目惊心！男孩们，努力改掉自己的坏脾气吧！

## 知识窗

### 吃什么食物可以减弱坏脾气？

1.烦躁的人

食补措施：多吃富含钙、磷的食物。

食补处方：多吃花生、牛奶、大豆、鲜橙、牡蛎、蛋类、菠菜、板栗、葡萄、土豆等，而且要吃得清淡一点，不可口味过重。

2.脾气暴躁的人

食补措施：补充钙质及蛋白质。

食补处方：首先要降低盐分及糖分的摄取，少吃零食，多吃海产品，如贝、虾、海带、蟹；多食各种豆类（含有丰富的钙质）、桂圆、干核桃仁、蘑菇。

## 为你支招

那么，男孩们，我们该学会怎样控制自己的坏脾气？

**1.说话前数10秒**

其实，很多时候发脾气、生气都是一时冲动而导致的，并没有经过细致的思考，所以容易出现出口伤人的情况。男孩们，如果你感觉心情不好想发脾气，不妨提醒一下自己，说话之前停一停，让自己想说的话通过大脑分析一下，等于给自己一个重新选择的机会。

**2.透过镜子看自己**

放一面镜子在自己的办公桌上，随时关注自己的表情。自己发脾气的时候看着镜子中的自己表情有多么的恐怖，自己也会被自己吓到。

跟同学产生矛盾发脾气的时候，看一下镜子中的自己；学习不顺心的时候想发脾气，看一下镜子中的自己。忍一忍，就过去了！

**3.转换环境**

要调节自己的脾气，要善于控制自己的脾气就要调节自己所处的环境，转换一下环境。可以在校园里自己一个人静一静，远离自己发脾气的场所。感受一下校园里其他地方的平和氛围，自己的心情也会随之安然许多。

# 成为情绪的主人，让快乐常伴

◎适用写作关键词：情绪 性情

## 对自己的情绪负责

或许你觉得对情绪负责这件事很无趣，一切都顺其自然也罢。遇喜则喜，遇悲则悲，情绪不是随便控制的事情。其实，这是因为你没认识到情绪的巨大作用。

凯斯特是一名普通的汽车修理工。生活虽然勉强过得去，但离自己的理想还差得很远，他希望能够换一份待遇更好的工作。有一次，他听说底特律一家汽车维修公司在招工，便决定去试一试。他星期日下午到达底特律，面试的时间是在星期一。

吃过晚饭，他独自坐在旅馆的房间中，想了很多。把自己经历过的事情都在脑海里回忆里一边。突然间，他感到一种莫名的烦恼：自己并不是一个智商低下的人，为什么至今依然一无所成、毫无出息呢？

他取出纸笔，写下了4位自己认识多年、薪水比自己高、工作比自己好的朋友的名字。其中两位曾是他的邻居，已经搬到高级住宅区去了；另外两位是他以前的老板。他扪心自问：与这4个人相比，除了工作以外，自己还有什么地方

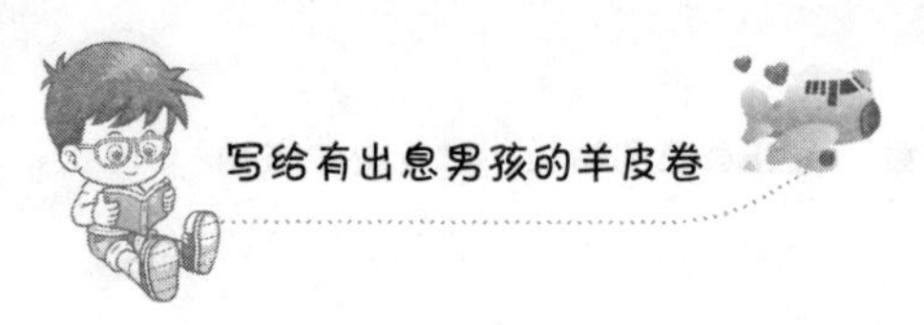


不如他们呢？是聪明才智吗？凭良心说，他们实在不比自己高明多少。

经过很长时间的反思，他终于悟出了问题的症结——自己性格情绪的缺陷。在这一方面，他不得不承认自己比他们差了一大截。

虽然已是深夜3点钟了，但他的头脑却出奇地清醒。他觉得自己第一次看清了自己。发现了过去很多时候自己都不能控制自己的情绪。例如爱冲动、自卑，不能平等地与人交往，等等。

整个晚上，他都坐在那儿自我检讨。他发现自从懂事以来，自己就是一个极不自信、妄自菲薄、不思进取、得过且过的人；他总是认为自己无法成功，也从不认为能够改变自己的性格缺陷。

于是，他痛下决心：自此而后，绝不再有不如别人的想法，绝不再自贬身价，一定要完善自己的情绪和性格，弥补自己在这方面的不足。

第二天早晨，他满怀自信地前去面试，顺利地被录用了。在他看来，之所以能得到那份工作，与前一晚的感悟以及重新树立起的这份自信不无关系。

在底特律工作了两年后，凯斯特逐渐建立起了好名声，人人都认为他是一个乐观、机智、主动、热情的人。在后来的经济不景气中，每个人的情绪都受到了考验，很多人都倒在了情绪面前。而此时，凯斯特却成了同行业中少数有生意可做的人之一。公司进行重组时，分给了凯斯特可观的股份，并且给他加了薪水。

成功，首先来自于情绪的完善，而非才能。因为，如果没有情绪的完善，才能将以发挥作用。

这个世界上，成功的"天才"太少，而被宠爱坏了的"天才"却太多。很多有才能的人，往往对自己的才能过于自负，而忽略了对情绪智商的培养。他们不善与人沟通，在面对困难与打击时，不能有效控制自己的情绪，不时抱怨自己"怀才不遇"，结果落得个一事无成。

美国心理学家南迪·内森指出：一般人的一生平均有3／10的时间处于情绪不佳的状态，每个人都不可避免地要与消极情绪作持久的斗争。

男孩们，在情绪面前，弱者处于被动的地位，而强者则是主动地去控制情绪。起码要学会远离坏情绪，即便深处困境也要勇敢地去摆脱坏情绪的困扰，做一个积极向上的人。不要让心中藏有任何消极的记忆，也不要把时间浪费在无法改变的事情上。

## 知识窗

### 写日记宣泄情绪

自己备好一个笔记本和几支彩色笔，专门来记录自己的情绪，这样不仅能让自己的不良情绪得到宣泄，还能提高自己的写作水平。记录时可用“描述事实经过+我的感受是什么”的格式。若这些感受是你能允许的情绪，就用喜欢的颜色记录，反之则用不喜欢的颜色。一周后回顾，并考虑“当那些自己无法允许的情绪再次出现时，我能做什么？我是不是需要对自己的生活状态做一些调整？”相信不久我们控制情绪的能力就会不断提升。

## 为你支招

那么，男孩们知道怎样从坏情绪中走出来吗？

**1.把坏情绪写下来**

情绪不好，我们可以以记日记的形式书写出来，这也是一种发泄情感的方式。一边写，一边分析问题出在哪里。渐渐地，我们会做出比较明智的选择。我们会有意识的思考自己想要发生的事情，以及如何以最好的方法让事情发生。

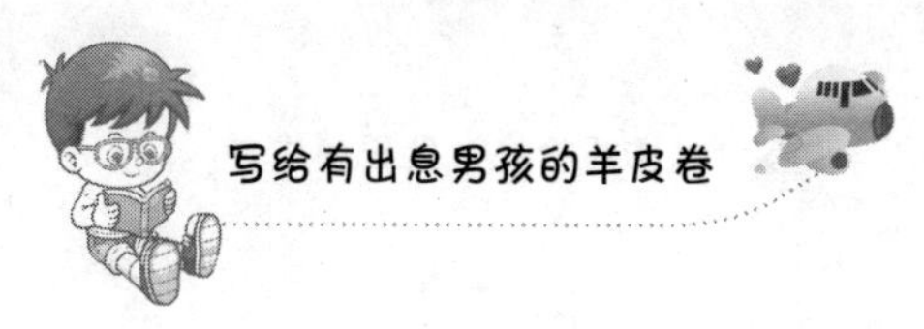


**2.做运动**

我们可以选择去操场上快走或者慢跑，这些都能有效地处理好负面情绪。宾夕法尼亚州的一位心理学家沃琳·波林博士说：“当你感到气愤时，你会经历与运动时相同的生理感觉——肾上腺素猛增、出汗、呼吸沉重……而运动可以将这些生理感觉发泄出来，所以消除愤怒的一个很好的方法就是将愤怒转化为运动。”

**3.深呼吸**

“慢慢地呼吸能够使心率减缓。”深呼吸后，身体会很放松。这种反应是由于呼气导致的，当你呼气时，肌肉通常会随之放松。随着肌肉的放松，人的情绪也会得到放松。

**4.直面问题**

在理智的分析情绪不好的原因之后，我们可以选择直视问题、勇于解决的方法。只要自己迈出这一步，不在悲观中消沉，就没有闯不过的难关。比如，你期中考试没有取得理想的成绩，情绪不好，一直闷闷不乐。一味地消沉只会让你的期末更加失败，这时应该做的就是勇敢面对失败，找出原因，不断改正，争取在期末中取得优异成绩。

# 不要丧失理智

◎适用写作关键词：愤怒 理智

## 把生气的时间花在解决问题上

有一家电脑公司，赶了一批货交给一家新合作的客户，交货之后，却迟迟等不到客户将货款汇来。等了两个星期后，老板亲自到客户的公司拜访。老板在该公司等了很长一段时间之后，得到一张可立即兑现的现金支票。

老板拿着现金支票赶到银行，但是柜台小姐告诉他，这个账户内的存款不足，他的支票根本无法兑现。老板明白是那个客户故意耍赖，想要刁难他，原本他想立刻冲回客户的公司和他大吵一架。但是，这个老板一向秉持着“和气生财”的经营原则，所以他压下自己的怒气，向银行的柜台小姐询问这张支票为什么无法兑现。由于老板的态度很诚恳，所以柜台小姐也很热心地帮他查询。查询的结果是，户头内只有9.8万元，跟他的支票金额只差了2000元。正如老板所料，这个客户确实是存心和他过不去。老板灵机一动，从身上拿出2000元，请柜台小姐帮他存到客户的账号里，补足支票的面额10万元后，他顺利地领到了货款。

其实，这位老板完全可以理直气壮、怒气冲冲地跑到客户的公司去理论，但是他却没有这么做。因为他知道，要是他这么做的话，不但浪费自己的时间，而且也会因此永远失去这个客户了。所以，他把时间花在解决问题上，而不用来制造新的问题。

男孩们，很多时候，当我们自己感到愤怒时，容易把这种负面情绪迁怒于他人，失去自己的理智。这样只会让我们把问题弄的更加复杂，失去理智的同时也失去了自己的朋友。其实，与其把时间浪费在愤怒上，还不如学会调整自己，用更多的时间去解决问题，这样不仅能改善自己的脾气，也能化解生活中的矛盾。

## 知识窗

### 柠檬可以预防感冒

柠檬是世界上最有药用价值的水果之一，它富含维生素C、糖类、钙、磷、铁、维生素$B_1$、维生素$B_2$、烟酸、奎宁酸、柠檬酸、苹果酸、橙皮苷、柚皮苷、香豆精、高量钾元素和低量钠元素等，对人体十分有益。维生素C能维持人体各种组织和细胞间质的生成，并保持它们正常的生理机能。当维生素C缺少了，细胞之间的间质——胶状物也就跟着变少。这样，细胞组织就会变脆，失去抵抗外力的能力，人体就容易出现坏血症；它还有更多用途，如预防感冒、刺激造血和抗癌等作用。

## 为你支招

那么，男孩们，遇到事情怎样保持冷静、理智呢？

**1.让自己多“碰到事情”**

接触的事情多了，我们对于事情的处理就会更加得心应手。而想多碰到事情的唯一方法是有意识地多接触社会，多参加各种社会活动。男孩们，一个人的成熟是从实践中来的，多实践就多积累，也就能缩短成熟的过程。另外，可以读一些关于心理方面的以及心灵鸡汤类的书籍等。如果你是有心人，平时就能发现很多可以提升你心智能力的生活细节。相信你一定能尽快成熟起来，从容面对美好人生！

**2.克服紧张情绪**

压力、矛盾，冲突，很容易使我们紧张，过多的紧张对学习对身体对生命都没有好处，那克服紧张的情绪方法是什么？有正确的目标，沟通协调，学会享受，参加一些校园组织的娱乐活动。

**3.心理暗示**

要多在心里暗示自己要沉着，我是可以冷静的，用语言鼓励自己。比如，参加学校的演讲比赛，临近上台之前，紧张害怕，这样会自己乱了阵脚。这时候我们要学会自我暗示，在心里鼓励自己是最棒的，保持冷静，正常发挥，这样才能得到更出色的表现。

# 欲速则不达，遇事不要急于求成

◎适用写作关键词：急于求成 自我克制

## 下一番苦功才有所成

有一个小孩，很喜欢研究生物，很想知道蛹是如何破茧成蝶的。有一次，他在草丛中看见一只蛹，便取了回家，日日观察。几天以后，蛹出现了一条裂痕，里面的蝴蝶开始挣扎，想抓破蛹壳飞出。艰辛的过程达数小时之久，蝴蝶在蛹里辛苦地挣扎。小孩看着有些不忍，想要帮帮它，便拿起剪刀将蛹剪开，蝴蝶破蛹而出。但他没想到，蝴蝶挣脱蛹以后，因为翅膀不够有力，根本飞不起来，不久，痛苦地死去。

破茧成蝶的过程原本就非常痛苦、艰辛，但只有通过这一经历才能换来日后的翩翩起舞。小孩急于求成的帮助反而让爱变成了害，违背了自然的过程，最终让蝴蝶悲惨地死去。

还有这样一则寓言：一位一心想早日成名的少年拜一位剑术高人为师。他迫不及待地问师傅多久才能学成。师傅答曰："十年。"少年又问如果他全力以赴，夜以继日要多久。师傅回答："那就要三十年。"少年还不死心，问如果拼死修炼要多久，师傅回答："七十年。"

说起欲速则不达，不能不令人想到下面这则小故事。

天色渐晚，一个卖橘子的想赶在城门关上之前走到前面的一座城。小贩问一位路人，他要什么时候才能抵达城门。路人回答说："如果你慢慢走，关门之前能到达。如果你走得很快，就到不了了。"小贩感到很奇怪，没有领会路人的话，开始快速赶路，却又走得太急，打翻了橘子，不得不停下来捡拾满地的橘子，也最终没能在关城门前到达。

上面的三个故事，相信给我们带来很大的启发。欲速则不达，急于求成会导致最终的失败。男孩们，做人做事都应放远眼光，注重知识的积累，厚积薄发，自然会水到渠成，达成自己的目标。学习都必须有一个痛苦挣扎、奋斗的过程，而这也是将你锻炼的更加坚强，使你成长、使你有力的过程。急于求成、恨不能一日千里，往往事与愿违，大多数人知道这个道理，却总是与之相悖。历史上的很多名人是在犯过此类错误之后才懂得成功的真谛。宋朝的朱熹是个绝顶聪明之人，他十五六岁就开始研究禅学，然而到了中年之时才感觉到，速成不是创作良方，经过一番苦功方有所成。

## 知识窗

### "欲速则不达"释义

欲：一心只想，忽视效果；速：快速；达：达到（目的）。

意思是指过于性急反而不能达到目的。一心只想要求速度，忽视效果就达不到目的。因此凡事都要讲究循序渐进 。有了量变才会有质变，万不可焦躁，如果做事一味追求速度，反其道而行之，结果反而会离目标更远。如果想要快速完成某件事，其效果未必会好，甚至大失所望，万不可急于求成。

## 为你支招

那么，男孩们，急于求成的心理怎么克服呢？

**1.充分看清楚它的危害**

男孩们，当我们无法克服一种缺点的时候，我们不妨思考一下它的危害有多严重，这样我们就更有力量督促自己学会理智。急于求成不仅不能让你快速达到目标，它只会让你变得更加浮躁，甚至骑虎难下，处于一种尴尬的处境。如果你脱离客观现实，鲁莽而冲动，那么等待你的就是失败，这种情况就让你感觉被泼了一盆冷水，无比失望。

**2.学会自我暗示**

适时进行自我暗示，可以消除可淡化急躁心理。如，当急躁情绪出现时，就自己提醒自己："要冷静点，靠着心急能解决问题吗？心急只会把事情弄糟的。"也可请人在发现自己有急躁情绪又没意识到时，及时提醒一下。从而帮助自己恢复情绪的常态，以避免急躁心理。

**3.要三思而行**

要明白任何一件事都可能受到其他因素的制约，不可能都按我们个人的意愿行事。有时光靠"急"是解决不了问题的，反而会将事情弄糟。因此，要冷静地思考，慎重地决策，全面地分析各种可能出现的情况，耐心地处理，尽量避免一些偏差，提高办事的效率。

# 战胜欲望，做一个不断成熟的男孩

◎适用写作关键词：欲望 私欲

## 如果再等20分钟

美国教育界曾设计了一个长达30年的实验，他们给一些4岁小孩子每人一颗非常好吃的软糖，同时告诉他们："如果马上吃这颗糖呢，就只能吃一颗；如果等20分钟再吃，则能吃两颗。"

在实验中，有些孩子急不可待，马上把糖吃掉了。另一些孩子却能等待对他们来说是无尽长的20分钟，为了使自己耐住性子，他们闭上眼睛不看糖，或头枕双臂、自言自语、唱歌，有的甚至睡着了，但他们终于吃到了两颗糖。

在美味的奶糖面前，许多孩子都很难经受得住诱惑。

这个实验后来一直继续了下去，那些在他们几岁时就能等待吃两颗糖的孩子，到了青少年时期面对形形色色的诱惑仍能等待机会，而不急于求成；而那些急不可待，只吃了一颗糖的孩子，在青少年时期更容易有固执、优柔寡断和压抑等个性表现。

当这些孩子上了中学以后，开始表现出某些明显的差异。对这些孩子的父母及教师的一次调查表明，那些在4岁时能以坚忍换得第二颗软糖的孩子常成为

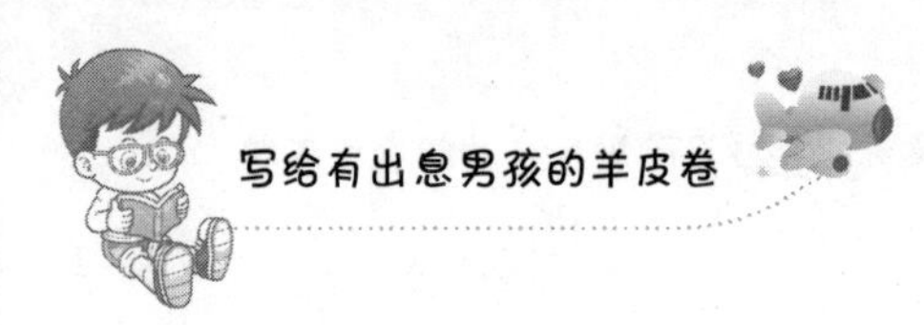


适应性较强、冒险精神较强、比较受人喜欢、比较自信、比较独立的少年；而那些在早年经不起软糖诱惑的孩子则更可能成为孤僻、易受挫、固执的少年，他们往往屈从于压力并逃避挑战。对这些孩子分两级进行学术能力倾向测试的结果表明，那些在软糖实验中坚持时间较长的孩子平均得分高达210分。

在十几年以后再考察当年那些孩子的表现时，研究人员发现，那些能够为获得更多的软糖而等待得更久的孩子要比那些缺乏控制力、容易受当前事物诱惑的孩子更容易获得成功，他们的学习成绩要相对好一些。在后来30年的跟踪观察中，他们发现有自制力的孩子在事业上的表现也较为出色。

男孩们，这不仅是一颗软糖，而是面对诱惑时的选择。很多时候，我们或者是因为没有耐性，或者是因为自制力不强，在诱惑面前丧失了自己的抵抗力。其实，我们应该学习故事中那些得到两颗糖的孩子们，做一个有自制力、勇于在诱惑面前说不的小小男子汉。

## 知识窗

### 脑筋急转弯

（1）孔子与孟子有什么区别？

（2）一个人空肚子最多能吃几个鸡蛋？

（3）当哥伦布一只脚迈上新大陆后，紧接着做什么？

答案：（1）孔子的子在左边，孟子的子在上边。（2）一个。因为吃了一个后就不是空肚子了。（3）迈上另一只脚。

## 为你支招

那么，男孩们，面对网络游戏的诱惑，你会怎么做呢？

**1.认识到沉迷游戏的危害**

现在有许多同学沉迷于网络游戏，学习不错的同学在网络世界里走火入魔，在现实世界里迷失了方向，学习一落千丈！还有的同学在电脑上聊天，向陌生人透露了个人信息，引发了不必要发生的噩梦。还有的同学因为玩网络游戏玩得太投入，分不清虚拟的世界和现实的世界，在现实生活中与他人发生小冲突就要断送他人性命。男孩们，我们要文明上网，抵制诱惑，不要因沉迷于网络游戏而影响自己辉煌的青春和前程。

**2.尽量克制，听从劝诫**

如果只是放松身心，偶尔玩一些游戏也是可以的，但是危害就在于男孩们很难克制自己，一步步迷恋游戏直至疯狂于网络世界。一旦上瘾，那就成了严重的大事情，因为男孩极易为了游戏忘记了自己的使命是什么。男孩们，我们要明白，现阶段我们心智还没有成熟，很多时候难以抵抗外界的诱惑，这时候就需要我们学会与师长交流、谈心、寻求帮助。但是很多男孩不仅做不到这一点，而且还对师长的教导产生不良情绪，故意对着干，不听劝阻。这是一种极为恶劣的行为。身为新时代的少年我们肩负着很多的责任，我们要学会克制自己、督促自己、改善自己，这样才能成为一个优秀的男子汉。

**3.学会用其他兴趣来代替游戏**

男孩们，你们正处于长身体的阶段，过度沉迷游戏对于身心发展有着极大的坏处。因此，我们要学会用其他兴趣来代替游戏，例如参加户外运动，可以锻炼自己的身体；参加一些团体活动，可以锻炼自己的社交能力；帮父母做家务，可以减轻父母的负担……这样才是更加健康和充实的生活方式。

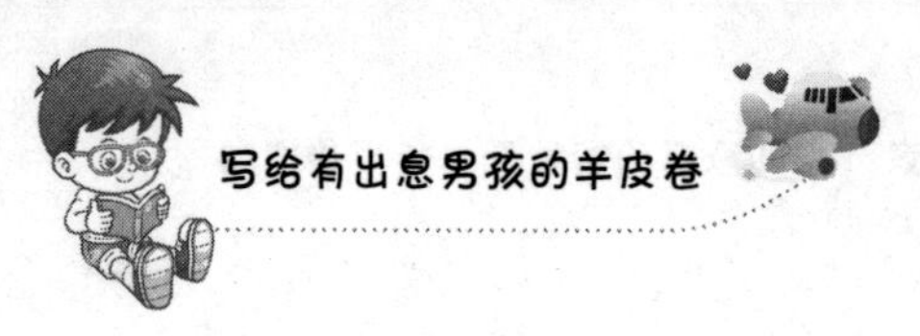

# 第12章

# 深刻感知时间价值，浪费时间就是虚度生命

时间就是生命，学习生涯是美好而又短暂的，我们有什么理由不珍惜时间呢？我们每天得到的都是24小时，可是一天的时间给勤勉的人带来智慧与力量，给懒散的人只能留下一片悔恨。少年们，你们的人生刚刚开始，如早上七八点钟的太阳，我们要深刻地去感知时间的价值，合理搭配时间，充分利用时间。珍惜时间，此刻践行。

# 懂得惜时，寸金难买寸光阴

◎适用写作关键词：时间 惜时

## 人生太短暂，惜时很重要

你热爱生命吗？那么别浪费时间，因为时间是组成生命的材料。——富兰克林

时间就是生命，浪费时间就等于浪费自己的生命。勤奋者，抓紧时间；懒惰者，消磨时间；有志者，珍惜时间；无为者，浪费时间……我们要懂得珍惜现在的每一分每一秒，让生命之花绽放得更加绚烂。

有一段时间，人间死亡数量忽然减少。于是，阎王紧急召来众家鬼臣，商讨如何诱引人们下地狱。

会议开始后，人们各抒己见。

马面提议说："让我去告诉人类，世上根本就没有天堂！大家赶紧来到改造后的地狱吧。"

阎王想了想，觉得这样对人说恐怕没有用。

接着，马面又说："让我去告诉人类，你们想尽办法做坏事吧，做了坏人死后也不会受到惩罚。"

阎王考虑一会儿，又摇了摇头，表示否定。

过了一会儿，无常对阎王说："我去对人类说：还有明天！"

阎王眼睛一亮，这回他终于点了头，表示认同。

阎王认为，即使没有天堂，人们也不一定为所欲为，就算没有地狱，人们也不一定只做坏事，这些完全都不足以把人引向死亡。

"但为什么是'还有明天'？"大家疑惑地问。

阎王说："还有明天，那么人们便会更加纵欲享乐，即使面临死亡也不怕，因为，人类总以为明天有很多……"

男孩们，你是否有着"还有明天"的心理呢？你是否还在等待着明天呢？如果是这样，那请你抓紧从中醒悟吧！明天并不是无穷无尽的，如果你一直用这样的等待心理来拖延你的行动，那就是浪费生命！如果你不懂得珍惜现在的每一分每一秒，那你又如何累积力量来创造美好的明天呢？时间是最宝贵的财富，男孩们，珍惜时间，不要耗费了你的大好光阴，时间耗尽了就不能再生。因此，从此刻起，努力珍惜时间吧！

## 知识窗

### 午休重要性

1.提高记忆力

研究人员研究发现，午睡不仅可以令人的精力得到大幅度提高，还可以消除疲劳，增强人的记忆力。

2.提高免疫力

德国睡眠专家发现，中午1点是人在白天一个明显的睡眠高峰，这时睡个短觉，可以有效刺激体内淋巴细胞，增强免疫细胞活越性。

3.振奋精神，赶走抑郁

哈佛大学心理学家发现，午后打盹可改善心情，降低紧张度，缓解压力；斯坦福大学一项研究发现，每天午睡还可以赶走抑郁情绪。

## 为你支招

那么，男孩们，怎样养成珍惜时间的好习惯？

**1.培养良好的时间观念**

养成良好的时间观念是一个人做事成功的基本前提，但并不意味着全部。尤其是对孩子而言，良好的行为习惯是多方面的。男孩们，不要总以为自己还小，以后的日子还长。其实，时间就是这样一点一滴浪费的。我们要树立正确的时间观，上课珍惜时间认真听讲，课下劳逸结合，合理安排，这样我们的生活才会充实。

**2.做事讲究效率**

为了提高效率，要科学地用脑。用脑的时间长了，大脑会变得迟钝，这时要适当地休息。一般工作一个小时左右，大脑就会疲劳，此时仍然用功的话，学习效率是很差的。

不同学科在大脑中使用的脑区是不同的，例如抽象思维主要在左脑，形象思维主要在右脑。因此，要学会交替学习，使大脑各部分轮流休息。同一天时间中，早晨、上午精力充沛，要抓紧学习较难的功课，解决较复杂的问题。

**3.为自己浪费时间付出代价**

上课迟到，做事拖拖拉拉……这些都是浪费时间的表现。我们要学会自我惩戒，警告自己下次注意。比如，如果迟到，惩罚自己下课休息时间留在教室学习把时间补上，也可主动去找老师承认错误，立下保证，请老师一起监督自己。

# 重视时间，要善于挤时间

◎适用写作关键词：挤时间 惜时

## 时间是挤出来的

“时间就像是海绵里的水，只要你挤，总是有的。”是啊，不怕没时间，就怕你不懂得去利用时间。古今名人，用自己的实际行动验证着这一点，激励着后人珍惜时间，不虚度光阴。

车胤年轻时就很懂事，也能吃苦耐劳。他因为白天要帮家人干活，就想利用漫漫长夜多读些书，好好充实自己；然而，他的家境清贫，根本没有闲钱买油点灯，有什么办法可以突破客观条件的限制呢？最初，他只得在夜间背诵书本内容，直到一个夏天的晚上，他看见几只萤火虫在飞舞，点点萤光在黑夜中闪动。于是，他想出了一个好法子：他捉来许多萤火虫，把它们放在一个用白夏布缝制的小袋子里，因为白夏布很薄，可以透出萤火虫的光，他把这个布袋子吊起来，就成了一盏“照明灯”。

车胤不断苦读，即便没时间学习，也要利用长夜来挤时间读书，终于成为著名的学者，后来还成了一名深得人心的官员；那时候，每逢举行什么集会或庆祝活动，如果车胤没有到场，大家就觉得扫兴。

鲁迅也是如此惜时的一个人。

鲁迅的成功，有一个重要的秘诀，就是珍惜时间。鲁迅12岁在绍兴城读私塾的时候，父亲正患着重病，两个弟弟年纪尚幼，鲁迅不仅经常上当铺，跑药店，还得帮助母亲做家务；为免影响学业，他必须做好时间安排。

此后，鲁迅几乎每天都在挤时间。他说过："时间，就像海绵里的水，只要你挤，总是有的。"鲁迅读书的兴趣十分广泛，又喜欢写作，他对于民间艺术，特别是传说、绘画，也深切爱好；正因为他广泛涉猎，多方面学习，所以时间对他来说，实在非常重要。他一生多病，工作条件和生活环境都不好，但他每天都要工作到深夜才肯罢休。

在鲁迅的眼中，时间就如同生命。"美国人说，时间就是金钱。但我想：时间就是性命。倘若无端的空耗别人的时间，其实是无异于谋财害命的。"因此，鲁迅最讨厌那些"成天东家跑跑，西家坐坐，说长道短"的人，在他忙于工作的时候，如果有人来找他聊天或闲扯，即使是很要好的朋友，他也会毫不客气地对人家说："唉，你又来了，就没有别的事好做吗？"

男孩们，不要抱怨没时间，只是你不善于去挤时间罢了。车胤囊萤夜读，鲁迅工作至深夜，哪一个伟人是随随便便成功的呢？其实，挤下的一点点时间，不断完成的任务，正是你未来成功的积淀。

### 知识窗

车胤（约333—约401），字武子，东晋南平郡（今湖南津市、安乡，湖北公安一带）人。历任中书侍郎、侍中、国子监博学、骠骑长史、太常、护军将军、丹阳尹、吏部尚书。为人公正、不畏强权，后被会稽王司马道子世子元显逼令自杀。

## 为你支招

那么，男孩们，学习生活中我们怎么做才能挤得更多的时间？

### 1.充分利用零散时间

比如，两堂课之间的课间休息，除了短暂地休息一下，恢复体力振作精神以外，可以及时地复习一下听课笔记，巩固所学到的内容，加深理解，理清线索；将一些需经常记忆、反复记忆的公式、单词等记在便于携带的小卡片上随身装着，利用排队等车等时间空隙拿出来抓紧学习。积少成多，我们如果能够充分利用好这些时间的边角料，一定会达到意想不到的效果。

### 2.时刻为学习做好准备

比如要开始学习了，好不容易在书桌旁静下心来，不一会儿就发现一本重要的参考书不在手边，得回过头去找书；一会儿又发现做作业画图用的尺子、圆规不见了……这样零零碎碎地浪费了不少时间，有些比较善于挤时间的同学，在开始学习之前先把学习中要用的工具书、作业本、文具等准备得一应俱全，以免受耽误，节约出更多的时间用以学习。

### 3.劳逸结合

你已经很累了，可以说是没有体力去从事你的任务，那么你如果还逼着自己去工作，这时候你不仅没有什么效率，就连你的身体也会受不了。勤奋固然重要，重视时间也是一种优秀品质，但是我们也要懂得劳逸结合，不要过度。如果身体发出警告，那么你哪还有经历继续工作呢？拿充分利用零散时间来说，不是说做眼保健操的时间也应该用来学习，也不是说放下饭碗立刻就要看书，再拿挤进间来说，前面也说过，不能把应有的睡眠时间挤掉。

# 将时间进行最有效的利用

◎适用写作关键词：效率 速度

## 让时间实现最大价值

在今天和明天之间，有一段很长的时间；趁你还有精神的时候，学习迅速办事。——歌德

有一次老师给同学们讲时间管理的课。老师在桌子上放了一个装水的罐子，然后又从桌子下面拿一些正好可以从罐口放进罐子里的鹅卵石。当老师把石块放完后问学生道："你们说这罐子是不是满的？"

"是。"所有的学生异口同声回答说。

"真的吗？"老师笑着问，然后再从桌底下拿出一袋碎石子，把碎石子从罐子口倒下去，摇一摇，再加一些，再问学生："你们说，这罐子现在是不是满的？"这回他的学生不敢回答得太快，最后班上有个学生怯生生地细声回答道："也许没满。"

"很好！"老师说完后，又从桌下拿出一袋沙子，慢慢倒进罐子里，倒完后，于是再问班上的学生道："现在你们再告诉我，这个罐子是满的呢？还是没满的？"

“没满的。”全班同学这回学乖了，大家很有信心地回答说。“好极了！”老师再一次称赞这群孺子可教的学生们。称赞完了后，老师从桌底下拿出一大瓶水，把水倒在看起来已经被鹅卵石、小碎石、沙子填满了的罐子里。当这些事都做完之后，老师问他班上的同学道：“我们从上面这件事得到了什么？学到了什么？”班上一阵沉默，然后一位学生回答说：“不论我们的工作多忙，行程排得多满，如果要逼一下的话，还是可以多做些事的。”

这位学生回答完后心中很得意地想：“这门课到底讲的是时间管理啊！”老师听到这样的回答后，点了点头，微笑道：“答案不错，但并不是我要告诉你们的重要信息。”说到这里，这位老师故意顿住，用眼睛向全班同学扫了一遍说：“我想告诉各位最重要的信息是，如果你不先将大的鹅卵石放进管子里去，你也许以后永远没机会把他们先放进去了。”

男孩们，你们明白了吗？这位老师正是在教育学生怎样去合理高效的安排时间。生活中有很多事情，我们要分清主次，先把时间用在解决重要问题上，再去解决那些杂碎的小事。这是一个时间管理的问题，也是一个高效利用时间的问题。只有这样，才能把事情安排得井井有条，不会出现事后的慌乱，导致浪费更多的时间。

### 大脑的四个记忆高潮

（1）清晨起床后，大脑经过一夜休息，没有新的记忆干扰，此刻认、记印象清晰，学习一些难记忆而必须记忆的东西，较为适宜，如语言、定律、地名、事件等记忆的储存。

（2）上午8点~12点是第二个记忆高潮。体内肾上腺素分泌旺盛，精力充沛，大脑具有严谨而周密的思考能力，认、记忆和处理能力较强，此刻是攻克难题的好机会。

（3）第三个记忆高潮是下午6点~8点，这是用脑的最佳时刻，不少人利用这段时间来回顾、复习全天学习过的东西，加深印象，分门别类，归纳整理。

（4）睡前1小时，是记忆的第四个高潮。利用这段时间来加深印象，特别对难以记忆的东西加以复习，则不易遗忘。

## 为你支招

那么，男孩们，知道怎么合理安排你的时间吗？

**1.养成好的作息习惯**

良好的作息习惯是养成时间观念的前提。男孩们可以制订一张作息时间表，什么时间起床，洗漱要多长时间，吃早餐要多少时间，放学后先做什么，然后做什么，几点睡觉等，都可以让自己做出合理的安排。只有把作息时间固定下来，形成习惯，才能对时间有一个明确的认识，才能养成良好的时间观念。

**2.“倒计时”**

有的事情是硬任务，必须在某个时间内完成，这就需要学会用“倒计时”的方法安排时间了。例如，临近考试，在**1个月内必须完成的事情，算算还有多少天，要规定每一天要做多少，当天没有完成的话，就要及时补上。**

**3.教会孩子善用整块时间干件大事**

有些事情，最好是用一整块时间，一气呵成，干出个结果。比如在计算一道复杂的数学题时，如果每天想一会儿，又去做别的事，那么第二天又得从头开始想，因为昨天的思路已经忘记了。这样的话，就会很耽误时间。

# 积少成多，让零碎时间爆发大能量

◎适用写作关键词：零碎时间

## 捡起你宝贵的零碎时间

零碎时间，或许我们觉得微不足道，做不了多少事情，其实这种想法是错的。只要我们不断的积累生活中看似并不起眼的零碎时间，久而久之，他就会爆发出大能力，为我们带来巨大的精神财富。事实证明，世界上许多有成就的人都非常注重零碎时间的价值。

奥格·曼狄诺认为，在这方面达尔文的做法很值得我们学习。

一天，生病的达尔文坐在藤椅上晒太阳，面容憔悴，精神不振。一个年轻人路过达尔文的面前。当他知道面前这个衰弱的老人就是写了著名的《物种起源》等作品的达尔文时，不禁惊异地问道："达尔文先生，您身体这样衰弱，常常生病，怎么能做出那么多事情呢？"达尔文回答说："我从来不认为半小时是微不足道的很小的一段时间。"

的确，达尔文非常珍惜时间，他曾在给苏珊·达尔文的信中说："一个会白白浪费一小时的人，就不懂得生命的价值。"

如达尔文一样，杰克·伦敦也从不容许零碎时间从眼皮下溜走。

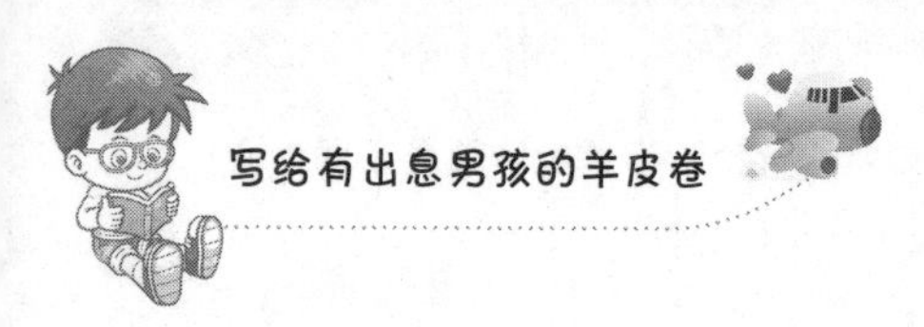


著名美国作家杰克·伦敦的房间，有一种独一无二的装饰品，那就是窗帘上、衣架上、柜橱上、床头上、镜子上、墙上……到处贴满了各色各样的小纸条。杰克·伦敦非常偏爱这些纸条，几乎和它们形影不离。这些小纸条上面写满各种各样的文字：有美妙的词汇，有生动的比喻，有五花八门的资料。

杰克·伦敦从来都不愿让生活中的零碎时间白白地从他眼皮底下溜过去。睡觉前，他默念着贴在床头的小纸条；第二天早晨一觉醒来，他一边穿衣，一边读着墙上的小纸条；刮脸时，镜子上的小纸条为他提供了方便；在踱步、休息时，他可以到处找到启动创作灵感的语汇和资料。不仅在家里是这样，外出的时候，杰克·伦敦也不轻易放过闲暇的一分一秒。出门时，他早已把小纸条装在衣袋里，随时都可以掏出来看一看，想一想。

读完了这个故事，相信我们大家的内心会感慨万千。这些伟人们利用一切所能利用的时间，哪怕是生病的日子，也在读书。而现在，有多少人在夜间的时候也在读书的？又有多少人会利用零碎的时间来读书？只有刻苦读书，努力学习，才能做一个有学问的人，才能做一个做大事的人。所以，我们从现在开始，要利用零碎的时间去读书，这样，长大后才能做大事。

## 知识窗

### 杰克·伦敦简介

杰克·伦敦，原名为约翰·格利菲斯·伦敦（John Griffith London），美国著名的现实主义作家，生于旧金山。他在一个既无固定职业又无固定居所的家庭中长大。24岁开始写作，去世时年仅40岁。最著名的作品有《马丁·伊登》、《野性的呼唤》、《白牙》、《热爱生命》等小说。

## 为你支招

那么，男孩们，利用零散和余暇时间有什么技巧？

**1.充分利用等待的时间**

我们每天都有许多时间在等待中度过，等车、等人、排队等，认真算起来，你会发现平均每天光是用在等待上的时间，就不下**30分钟。而一般人以为那只是短暂的而忽略掉，于是每天把不少的片段时间白白地浪费了。可以利用等待的时间阅读你有兴趣的书报，背诵外语单词。这样时间会过得快点，而且也能学点知识。**

**2.迅速完成任务**

用短时间有一个诀窍：你要把工作进行得迅速。思想上的事要有所准备，到时间来临的时候，立刻把心思集中在你的任务上。实际上，迅速集中脑力，并不像一般人想象的那样困难。

**3.利用睡前半小时**

睡前这段时间你的大脑看似在休息，但其实它还在工作的，所以睡前听到的东西依然能够被大脑吸收。如果要加强英语学习，可以在睡前插上耳机听一会英文。这样不仅达到缓解疲劳，放松身心的效果，还能对培养自己的英语语感、口语学习等方面有良好的效果。

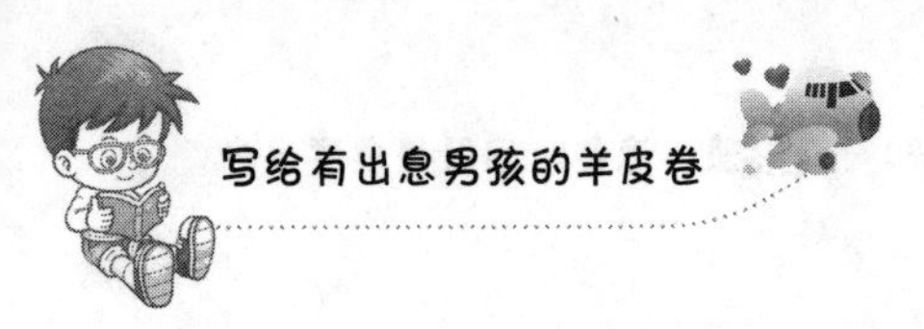


# 别做寒号鸟，做事请不要拖拖拉拉

◎适用写作关键词：拖延 浪费时间

## 不要总是等待明日

寒号鸟的故事，相信很多人都听说过，但是，不论多古老的故事，他的教育意义却是深远悠长的。

寒号鸟每天就知道欣赏自己绚丽多彩的羽毛，每天除了唱歌什么也不做，非常懒惰。秋天就要过去了，冬天马上就要来临了，寒号鸟还是天天唱歌，不盖房子。拖一天是一天，终于，寒冷的冬天来到了，寒号鸟冻得直发抖，“哆罗罗，哆罗罗，寒风冻死我，明天就垒窝”，风一停，寒号鸟就把垒窝的事情忘得一干二净了。就这样拖拖拉拉过了好久，究竟说过多少次了，连她自己也不知道了。一天夜里下起了大雪，寒号鸟扑腾了几下就被冻僵晕过去了。好在善良的小喜鹊发现了寒号鸟，把她救起来了。第二天，寒号鸟就开始垒窝了，寒号鸟说：“有了这次的教训，我再也不敢拖拖拉拉的不垒窝，浪费时间，一味地等明天了。”

这个经典的故事告诉我们，要勤劳不能懒惰，还告诉我们浪费时间就是浪费生命。今天的事情就今天做，绝对不要拖到明天，日复明日，明日何其多；

我生待明日，万事成蹉跎。如果什么事情都等到明天做，拖拖拉拉的，那就什么事情也做不好。这不仅是浪费时间，更是浪费生命。

## 知识窗

（1）老师："多位数减法，遇到低位数不够减时，就向高位数去借。"

小明："高位数不借怎么办？"

老师："你出去！"

（2）老师讲圣经，讲到大洪水把地球上生物全淹死了。

小明问老师：你确定？

老师说：确定。

小明：那鱼呢？

老师：你出去！

## 为你支招

那么，男孩们，怎样改掉拖拖拉拉的坏习惯呢？

**1.规划好时间**

把每天要做的事情设定好，写在纸上，几点到几点必须干什么，在这之前一定要完成前一个事情，时间久了就习惯了。事情要赶早别赶晚，很多时候我们的拖延会耽搁很多事情。学习也是如此，要规划好时间，在规定时间完成任务，这样长久下来，就会克服拖延的坏习惯。

**2.强迫自己去做**

强迫自己去做自己总想拖延的事情，其实就是增强意志力。男孩们可以自我暗示、自我鼓励，考虑一下拖延的后果，这样就会给自己无形中的压

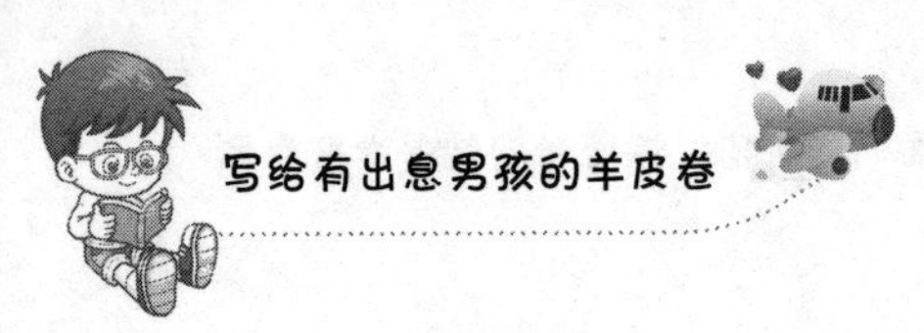


力，从而去完成任务。比如，到了做功课的时间，自己写一半就想去玩，这时候就要逼迫自己去完成作业再去玩。自制力差的同学也可以请求父母帮助监督自己。

# 第13章

# 常怀一颗感恩的心，男孩的生命更厚重

生命因懂得感恩而更加厚重。感恩连接彼此情感，感恩散播人间温情。我们要常怀一颗感恩的心，感谢命运的恩赐，感谢父母的养育，感谢老师的栽培，感谢朋友的帮助……因此，男孩们，用实际行动去表达感恩之情，让爱心不断传递下去吧。

# 感恩的心，传递人间大爱

◎适用写作关键词：感恩 恩情

## 把爱传播下去

多年前一个感恩节的早上，有对年轻夫妇的一家人却极不愿醒来，他们不知道如何以感恩的心过这一天，因为他实在穷得可怜。早先若是能跟当地的慈善团体联络，或许就能分得一只火鸡及烹烤的佐料，可是他们没这么做，为什么呢？就跟其他不少家庭一样，要有骨气，是怎么样就怎么过这个节。

然而，命运就在此刻改观了……

沉重的敲门声在耳边响起，男孩前去应门，一个高大男人赫然出现眼前，穿着一身皱巴巴的衣服。满脸的笑容，这个男人手提着一个大篮子，里头满是各种所能想到的应节东西：一只火鸡、塞在里面的配料、厚饼、甜薯及各式罐头，全是感恩节大餐所不可少的。

这家人一时都愣住了，不知道是怎么一回事，门口的那人随之开口道："这份东西是一位知道你们有需要的人要我送来的，他希望你们晓得还是有人在关怀和爱你们的。"起初，这个家庭中作爸爸的还极力推辞，不肯接受这份礼，可是那人却这么说："得了，我也只不过是个跑腿的。"带着微笑，他把

篮子搁在小男孩的臂弯里转身离去，身后飘来了这句话："感恩节快乐！"

就在那一刻，小男孩的生命从此就不一样了。虽然只是那么小小的一个关怀，却让他晓得人生始终存在着希望，随时有人——即便是个陌生人——在关怀着他们。在他内心深处，油然兴起一股感恩之情，他发誓日后也要以同样方式去帮助其他有需要的人。

到了18岁时，他终于有能力来兑现当年的许诺。虽然收入还很微薄，在感恩节里他还是买了不少食物，不是为了自己过节，而是去送给两户极为需要的家庭。

还是那一身破旧的衣服，还是同样的理由，还是"送货员"的身份。

当他到达第一户破落的住所时，前来应门的是位拉丁妇女，带着提防的眼神望着他。她有六个孩子，数天前丈夫抛下了他们不辞而别，目前正面临着断炊之苦。

年轻人把一袋袋的食物仍不停地搬进屋子，使得兴奋、快乐和温馨之情达到最高点。当他离去时，那种人与人之间的亲密感和相助之情，让他不觉热泪盈眶。回首瞥见那个家庭的张张笑脸，他对自己能有余力帮助他们，内生一股感恩之心。他的人生竟是一个圆满的轮回，年少时的悲惨时光原来是上帝的祝福，指引他一生以帮助他人来丰富自己的人生。就从那一次的行动开始，他展开了不懈的追求，直到今日。

男孩们，这种传递人间大爱的行为确实让我们感到。这个男孩以行动回报当年他及家人所得到的帮助，提醒那些受苦的人们天无绝人之路，总是有人在关怀他们，不管所面对的是多大困难，即便是自己所知有限、能力不足，但只要肯拿出实际行动，就能从其中学得宝贵的功课，寻着自我成长的机会，以致最终获得长远的幸福。

## 知识窗

感恩节（Thanksgiving Day）是美国人民独创的一个古老节日，也是美国人合家欢聚的节日。初时感恩节没有固定日期，由美国各州临时决定。直到美国独立后的1863年，林肯总统宣布感恩节为全国性节日。1941年，美国国会正式将每年11月第四个星期四定为“感恩节”。感恩节假期一般会从星期四持续到星期天。

## 为你支招

那么，男孩们，心怀感恩，散播温暖，我们需要做什么呢？

**1.感恩来源于心，不是一种形式**

感恩是一种美德，是一种精神，它传递的是爱而不是为了利益回报而去执行任务。感恩的本质是珍惜和尊重，因此具体的感念和珍惜比物质回报更重要。

**2.增强责任感**

只有当自已明白了责任的重要性之后，才能独立去面对生活中的问题，从而受到陌生人或是朋友同学家人等的帮助。一个有责任心的人，拥有更多的朋友，因而他们也就懂得了感恩，当他们帮助了你，你要跟他们说谢谢，这就是感恩的心。

**3.从点滴做起**

男孩们，我们不需要刻意地去感谢他人的恩情，只要从生活的点滴小事做起则可。例如，在家帮助父母做点家务，孝敬父母；在学校听老师的话，尊敬老师；在社会上，乐于助人，奉献爱心……点滴小事，你我做起，这就是感恩。

# 孝敬父母，不忘养育之恩

◎适用写作关键词：孝敬 孝顺 孝心

## 父母，为你奉献的是生命的全部

“百善孝为先”这句古语相信大家都很熟悉，孝敬父母是各种美德中占第一位的。一个人如果都不知道孝敬父母，就很难想象他会热爱祖国和人民。

很久以前有一棵苹果树。一个小男孩每天都喜欢来到树旁玩耍。他爬到树顶，吃苹果，在树荫里打盹……他爱这棵树，树也爱和他一起玩。随着时间的流逝，小男孩长大了。他不再到树旁玩耍了。

一天，男孩回到树旁，看起来很悲伤。“来和我玩吧！”树说。“我不再是小孩了，我不会再到树下玩耍了。”男孩答道，“我想要玩具，我需要钱来买。很遗憾，我没有钱……但是你可以采摘我的所有苹果拿去卖。这样你就有钱了。”男孩很兴奋。他摘掉树上所有的苹果，然后高兴地离开了。自从那以后男孩没有回来。树很伤心。

一天，男孩回来了，树非常兴奋。“来和我玩吧。”树说。“我没有时间玩。我得为我的家庭工作，我们需要一个房子来遮风挡雨，你能帮我吗？”“很遗憾，我没有房子。但是，你可以砍下我的树枝来建房。”因此，男孩砍下所有的树枝，高高兴兴地离开了。看到他高兴，树也很高兴。但是，自从那时起男孩没再出现，树有孤独，伤心起来。突然，在一个夏日，男孩回到树旁，树很高兴。“来和我玩吧！”树说：“我很伤心，我开始老了。我想去航海放松自己。你能不能给我一条船？”“用我的树干去造一条船，你就能航海了，你会高兴的。”于是，男孩砍倒树干去造船。他航海去了，很长一段时间未露面。许多年后男孩终于回来了。“很遗憾，我的孩子，我再也没有任何东西可以给你了。没有苹果给你……”树说。“我没有牙齿啃。”男孩答道。“没有树干供你爬。”“现在我老了，爬不上去了。”男孩说。“我真的想把一切都给你……我唯一剩下的东西是快要死去的树墩。”树含着眼泪说。“现在，我不需要什么东西，只需要一个地方来休息。经过了这些年我太累了。”男孩答道。“太好了！老树墩就是倚着休息的最好地方。过来，和我一起坐下休息吧。”男孩坐下了，树很高兴，含泪而笑……

男孩们，看懂了吗？那棵树就像我们的父母。我们小的时候，喜欢和爸爸妈妈玩……长大后，便离开他们，只有在我们需要父母亲，或是遇到了困难的时候，才会回去找他们。尽管如此，父母却总是有求必应，为了我们的幸福，无私地奉献自己的一切。你也许觉得那个男孩很残忍，但我们何尝不是这样呢？

## 知识窗

### 孝心名句知多少

1.谁言寸草心，报得三春晖。——孟郊

2.老吾老，以及人之老；幼吾幼，以及人之幼。——孟子

3. 世界上的一切光荣和骄傲，都来自母亲。——高尔基

4. 一个天生自然的人爱他的孩子，一个有教养的人定爱他的父母。——林语堂

## 为你支招

那么，男孩们，怎么用自己的行动去表达对父母最真诚的爱？

**1.尊敬父母**

尊老爱幼是中华民族的传统美德，我们要从小养成尊重长辈的好习惯。男孩们，现在你们的性格处于叛逆阶段，很多男孩有不尊敬父母，甚至和父母吵架的恶习。希望有这种行为的男孩坚决杜绝，尊敬父母，倾听父母的心声，牢记父母的养育之恩。

**2.尽力帮父母减轻压力**

男孩们，为了我们的生活学习，为了给这个家带来好的生活，父母上班挣钱真的是很辛苦的。这时候，我们难道对他们的付出视而不见吗？生活中，我们要尽力去帮助父母，做一些力所能及的事情，让父母能休息一下；学习中，不要老是让父母操心自己的学校生活和成绩，做一个懂事的好孩子。这样，你的贴心会给父母带来很大的安慰。

**3.在家多和父母沟通**

男孩们，我们要懂得和父母交流自己的心声，让欢笑充满整个家庭。可以分享一下自己在学校发生的事情，有什么不懂的地方，多向父母请教。与父母发生分歧的时候，要表达彼此的想法，不要置之不理或者与父母闹矛盾。适当的时候，可以多去向父母表达自己对他们的爱。

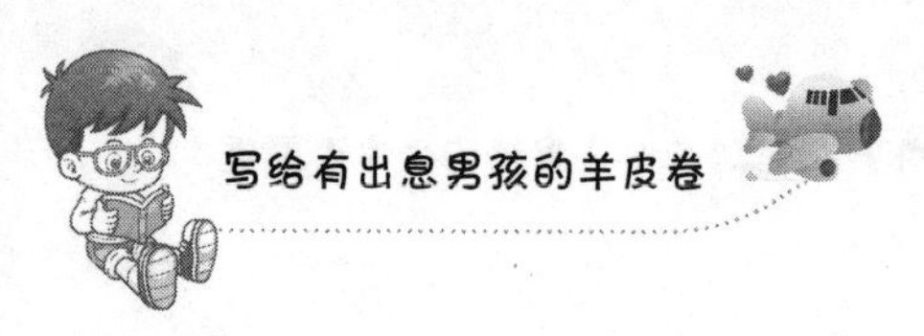


# 知恩图报，他人之恩不能忘

◎适用写作关键词：报恩 感恩 报答

## 恩情似海不能忘

“恩情似海不能忘。”这句话道出了多少人的心声，让多少人泪流满面。一颗感恩的心，普及的是你的高尚情怀，传递的是人间的大爱，让我们用实际行动去报答他人的恩情，传播温暖。

帮助汉高祖打平天下的大将韩信，在未得志时，境况很是困苦。那时候，他时常去钓鱼，希望碰着好运气，便可以解决生活。但是，这究竟不是可靠的办法，因此，时常要饿着肚子。幸而在他时常钓鱼的地方，有很多漂母（清洗丝棉絮或旧衣布的老婆婆）在河边做工，其中有一个漂母，很同情韩信的遭遇，便不断的救济他，给他饭吃。韩信在艰难困苦中，得到那位漂母的恩惠，很是感激她，便对她说，将来必定要重重地报答她。那漂母听了韩信的话，很是不高兴，表示并不希望韩信将来报答她的。后来，韩信替汉王立了功劳，被封为楚王，他想起从前曾受过漂母的恩惠，便命从人送酒菜给她吃，更送给她黄金一千两来答谢她。这就是“一饭千金”成语的来历。

垂垂暮年的康熙回顾他自己的光辉岁月，不由得慨然感叹：如果没有鳌

拜、吴三桂、葛尔丹等人，自己就不能成就这番辉煌业绩。他举杯向那些已经被消灭了的敌人敬酒，并大喊："来世再与我为敌吧！"无须去考究细节的真实，康熙是千古一帝却是不争的事实，他的感慨发人深省。如果可以假设，没有那些内忧外患，康熙将是一个平庸的太平皇帝，从而淹没在历史的尘埃中。

看完这两个故事，相信男孩们眼中已泛着感动的泪花。是啊，感恩，让人间充满更多的爱，让我们的心灵更加的纯粹。我们要心怀感恩的心，做一个知恩图报的好少年！

## 知识窗

### 韩信简介

韩信（约前231—前196），汉族，淮阴（原江苏省淮阴县，今淮阴区）人，西汉开国功臣，中国历史上杰出的军事家，与萧何、张良并列为汉初三杰。

## 为你支招

那么，男孩们，我们怎样去对待曾经帮助我们的人呢？

**1.困难之时，懂得回报**

男孩们，别人帮助我们，我们要心存感激，不要认为是理所当然。我们可以想想他人有什么愿望，或者什么地方遇到困难需要帮助。这时候，我们要懂得伸出援助之手，尽自己的所能，就帮他们实现愿望，渡过难关。

**2.向他们学习，去帮助更多的人**

得到别人的帮助，我们感受到人与人之间的温暖，何不也做一个这样的人呢？这也是最大的感恩。男孩们，同学之间互帮互助是一种美德，这样也是融洽同学关系的方式。做一个知恩图报的人，一个助人为乐的人，那么你就是同

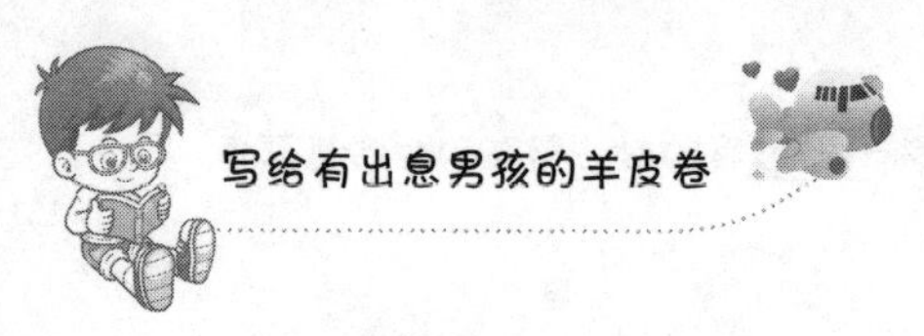


学中最受欢迎的人。

**3.感恩要适度**

感恩要适度，无论是以什么方式感恩，都要讲度，留有余地。有的人，因为别人为自己做一件事，就感觉自己欠别人一样，非要十倍还清不可，那样其实是给别人增加负担。互帮互助是一种美德，男孩们，感恩讲究适度，明白了吗？

# 举手之劳，我们能做的还有很多

◎适用写作关键词：感恩 奉献

## 懂得感恩，自觉奉献

志存高远，懂得感恩，学会奉献，我们才会真正领会什么是责任；回报社会，关爱他人，我们的祖国才会更加的和谐美好。让我们多一份理解和宽容，多一份和谐和温暖，多一份真诚和团结，让感恩和奉献之花在中华大地绚烂的绽放！

曾经，《人民日报》刊登了几位大学生的感人事迹：

清华大学航空航天学院的研究生谷振丰，毕业是主动要求到地处西北戈壁的酒泉卫星发射中心工作。他说："位卑未敢忘忧国，祖国的需要就是我的选择。"

上海中医药大学贫困学生孙悦礼，身怀感恩之心，立志报考医学专业，热心义工和公益活动。他说："当医生，能给更多的人减轻痛苦。我要把自己感受到的温暖传递给别人。"

华中师范大学历史文化学院学生冯圣兵，当年发起成立"圣兵爱心社"，8年间，爱心社通过卖报纸、收集废品、义卖商品及接受捐赠等方式，筹资帮助农村贫困家庭高中生近200名，其中90%步入了大学殿堂。

上述三个故事，反映出当代优秀大学生身上的一个共同特点，这就是志存高远、懂得感恩、自觉奉献。他们把个人的理想融入民族振兴的伟大洪流，再投身祖国和人民的事业中实现人生的价值同时又着眼现实，做些力所能及的事，努力成为有益于社会和人民的人。

男孩们，相信我们很多人都是独生子女，从小受到家里老一代的宠爱，生活非常的宽裕，得到的爱比较多，可是我们是否在接纳他人关爱的同时也懂得为他人付出呢？希望男孩不要过于强调自我，讲索取多，讲奉献少，不讲责任。因此，我们要认清方向，健康成长，努力做一个志存高远，懂得感恩，自觉奉献的好少年！

## 知识窗

### 酒泉卫星发射中心

酒泉卫星发射中心又称“东风航天城”，在酒泉市金塔县与内蒙古额济纳旗交界处，是中国科学卫星、技术试验卫星和运载火箭的发射试验基地之一，是中国创建最早、规模最大的综合型导弹、卫星发射中心，也是中国目前唯一的载人航天发射场。

## 为你支招

那么，男孩们，我们怎样用实际行动来奉献社会，报答我们的祖国呢？

**1.珍惜来之不易的美好生活**

我们生活在没有硝烟没有战争的社会是非常幸福的，现在的美好生活是多少烈士用鲜血和生命换来的，在这里我们要对先烈们表示最真诚的感谢和崇高的敬意。男孩们，我们应该珍惜现在的美好生活，更应该努力学习，报效祖国，让我们的祖国更加的繁荣富强。

**2.做一个有道德的人**

学做事，先要学做人，我们要做一个有道德的文明人。男孩们，没有道德心和羞耻感是不会一件非常可怕的事情，道德是一个人的基本底线。我们可以从小事做起，不论是在校园里还是生活中，我们要保护环境、节约用水用电、不浪费粮食蔬菜等。举手之劳，点滴积累，让我们心怀感恩为社会做更多的事。

**3.积极参加社会公益活动**

可以帮助社会的同时了解社会，同时自己也有获得满足的感觉。对男孩们树立正确的人生观、价值观很有帮助。可以锻炼自己的社会实践能力，亲身体验社会，融进社会生活中去，有利身心健康，提高自我价值的实现。男孩们可以帮社区打扫卫生，帮孤寡残疾做事，辅导别人学习，参加一些文化娱乐宣传活动，这些都是奉献社会的好方式。

# 参考文献

[1]李卓.做个有出息的男孩[M].北京：中国华侨出版社，2015.

[2]赵红艳.写给优秀男孩的羊皮卷[M].北京：朝华出版社，2011.

[3]墨墨.培养有出息男孩的100个细节[M].北京：北京理工大学出版社，2013.

[4]华业.世界著名家族教子羊皮卷[M].北京：国家行政学院出版社，中央编译出版社，2012.

[5]沧浪.男孩这样养将来会出息：教你找到教养男孩的金钥匙[M].北京：中国妇女出版社，2013.